彩图 1　龙穿凤翅

彩图 2　烤羊肉串

彩图 3　西瓜冻

彩图 4　水晶鸭舌

彩图 5　水晶黄鱼冻

彩图 6　猪皮冻

彩图 7　蜜汁橄榄红薯

彩图 8　糟香螺片

彩图 9　盐焗鸡

彩图 10　芝士焗南瓜

彩图 11　挂霜腰果

彩图 12　酱酥桃仁

彩图 13　琉璃山药

彩图 14　琉璃小番茄

彩图 15　糟香仔鸡

彩图 16　糟香毛豆

彩图 17　锦鸡拼盘

彩图 18　蝴蝶拼盘

彩图 19　荷叶拼盘

国家职业技能等级认定培训教材
高技能人才培养用书

中式烹调师

（高级）

国家职业技能等级认定培训教材编审委员会　组编
刘　涛　主　编
夏启泉　副主编
王恒鹏　吴　鹏　刘映承　参　编

机械工业出版社
CHINA MACHINE PRESS

本书依据《国家职业技能标准 中式烹调师（2018年版）》的要求，按照标准、教材、试题相衔接的原则编写。本书介绍了高级中式烹调师应掌握的技能和相关知识，涉及原料初加工、原料分档与切配、原料预制加工、菜肴制作等内容，并配有模拟题、模拟试卷及参考答案。本书配套多媒体资源，可通过封底“天工讲堂”小程序获取。

本书理论知识与技能训练相结合，图文并茂，适用于职业技能等级认定培训、中短期职业技能培训，也可供中高职、技工院校相关专业师生参考。

图书在版编目（CIP）数据

中式烹调师：高级 / 刘涛主编. — 北京：机械工业出版社，2023.5
国家职业技能等级认定培训教材　高技能人才培养用书
ISBN 978-7-111-73037-8

Ⅰ. ①中…　Ⅱ. ①刘…　Ⅲ. ①中式菜肴－烹饪－职业技能－鉴定－教材
Ⅳ. ①TS972.117

中国国家版本馆CIP数据核字（2023）第068710号

机械工业出版社（北京市百万庄大街22号　邮政编码100037）
策划编辑：卢志林　范琳娜　　责任编辑：卢志林　范琳娜
责任校对：张亚楠　梁　静　　责任印制：任维东
北京富博印刷有限公司印刷
2023年7月第1版第1次印刷
184mm × 260mm · 11.5印张 · 1插页 · 239千字
标准书号：ISBN 978-7-111-73037-8
定价：49.80元

电话服务
客服电话：010-88361066
010-88379833
010-68326294

网络服务
机　工　官　网：www.cmpbook.com
机　工　官　博：weibo.com/cmp1952
金　　书　　网：www.golden-book.com
机工教育服务网：www.cmpedu.com

编审委员会

序

新中国成立以来，技术工人队伍建设一直得到了党和政府的高度重视。20世纪五六十年代，我们借鉴苏联经验建立了技能人才的“八级工”制，培养了一大批身怀绝技的“大师”与“大工匠”。“八级工”不仅待遇高，而且深受社会尊重，成为那个时代的骄傲，吸引与带动了一批批青年技能人才锲而不舍地钻研技术、攀登高峰。

进入新时期，高技能人才发展上升为兴企强国的国家战略。从2003年全国第一次人才工作会议，明确提出高技能人才是国家人才队伍的重要组成部分，到2010年颁布实施《国家中长期人才发展规划纲要（2010—2020年）》，加快高技能人才队伍建设与发展成为举国的意志与战略之一。

习近平总书记强调，劳动者素质对一个国家、一个民族发展至关重要。技术工人队伍是支撑中国制造、中国创造的重要基础，对推动经济高质量发展具有重要作用。党的十八大以来，党中央、国务院健全技能人才培养、使用、评价、激励制度，大力发展技工教育，大规模开展职业技能培训，加快培养大批高素质劳动者和技术技能人才，使更多社会需要的技能人才、大国工匠不断涌现，推动形成了广大劳动者学习技能、报效国家的浓厚氛围。

2019年国务院办公厅印发了《职业技能提升行动方案（2019—2021年）》，目标任务是2019年至2021年，持续开展职业技能提升行动，提高培训针对性实效性，全面提升劳动者职业技能水平和就业创业能力。三年共开展各类补贴性职业技能培训5000万人次以上，其中2019年培训1500万人次以上；经过努力，到2021年底技能劳动者占就业人员总量的比例达到25%以上，高技能人才占技能劳动者的比例达到30%以上。

目前，我国技术工人（技能劳动者）已超过2亿人，其中高技能人才超过5000万人，在全面建成小康社会、新兴战略产业不断发展的今天，建设高技能人才队伍的任务十分重要。

机械工业出版社一直致力于技能人才培训用书的出版，先后出版了一系列具有行业影响力，深受企业、读者欢迎的教材。欣闻配合新的《国家职业技能标准》又编写了“国家职业技能等级认定培训教材”。这套教材由全国各地技能培训和考评专家编写，具有权威性和代表性；将理论与技能有机结合，并紧紧围绕《国家职业技能标准》的知识要求和技能训练编写，实用性、针对性强，既有必备的理论知识和技能知识，又有考核鉴定的理论和技能题库及答案；而且这套教材根据需要为部分教材配备了二维码，扫描书中的二维码便可观看相应资源；这套教材还配合机工教育、天工讲堂开设了在线课程、在线题库，配套齐全，编排科学，便于培训和检测。

这套教材的出版非常及时，为培养技能型人才做了一件大好事，我相信这套教材一定会为我国培养更多更好的高素质技术技能型人才做出贡献!

中华全国总工会副主席

高凤林

前言

为了进一步贯彻《国务院关于大力推进职业教育改革与发展的决定》精神，推动中式烹调师职业培训和职业技能等级认定的顺利开展，规范中式烹调师的专业学习与等级认定考核要求，提高职业能力水平，针对职业技能等级认定所需掌握的相关专业技能，组织有一定经验的专家编写了《中式烹调师》系列培训教材。

本书以国家职业技能等级认定考核要点为依据，全面体现“考什么编什么”，有助于参加培训的人员熟练掌握等级认定考核要求，对考证具有直接的指导作用。在编写中根据本职业的工作特点，以能力培养为根本出发点，采用项目模块化的编写方式，按照高级中式烹调师需掌握的四大项目——原料初加工、原料分档与切配、原料预制加工、菜肴制作来安排项目内容。引导学习者将理论知识更好地运用于实践，对于提高从业人员的基本素质，掌握中式烹调师的核心知识与技能有直接的帮助和指导作用。

本书在近一年半的编写期间，得到了国家职业技能等级认定培训教材编审委员会、扬州大学旅游烹饪学院等的大力支持与协助，在此一并表示衷心感谢！由于编者水平有限，书中难免存在不妥之处，恳请广大读者提出宝贵意见和建议。

编　者

目录

项目 2 原料分档与切配

项目 3 原料预制加工

项目 4
菜肴制作

项目 1

原料初加工

- 原料初加工
  - 鲜活原料初加工
    - 贝类原料的品质鉴定、加工方法及技术要求
    - 爬行类原料的品质鉴定、加工方法及技术要求
    - 软体类原料的品质鉴定、加工方法及技术要求
    - 虾的品质鉴定、加工方法及技术要求
    - 蟹的品质鉴定、加工方法及技术要求
    - 技能训练1　扇贝、带子的初加工
    - 技能训练2　生蚝的初加工
    - 技能训练3　蛤蜊的初加工
    - 技能训练4　蛏子的初加工
    - 技能训练5　象拔蚌的初加工
    - 技能训练6　鲜鲍鱼的初加工
    - 技能训练7　鲜鱿鱼的初加工
    - 技能训练8　鲜章鱼的初加工
    - 技能训练9　虾的初加工
    - 技能训练10　蟹的初加工
  - 干货原料初加工
    - 碱发的概念及原理
    - 动物性干货原料的碱水涨发方法及技术要求
    - 鱼肚的涨发及技术要求
    - 技能训练11　干鱿鱼的涨发
    - 技能训练12　鱼肚的涨发

烹饪原料初加工就是采用适当的方法对动、植物性烹饪原料进行去粗取精的加工，是把毛料加工成净料的过程，是烹饪加工的重要环节和不可或缺的组成部分。其内容主要包括鲜活原料初加工和干货原料涨发加工。

1.1 鲜活原料初加工

鲜活原料初加工就是采用适当的加工方法，去除烹饪原料中不能食用的部分，留下可以食用的部分，使其符合烹饪后续加工的要求。因此，鲜活原料初加工的好坏，不仅关系到食品卫生和营养要求，还关系到原料的出料率、成本率和使用的合理性，更关系到菜品的质量，必须得到足够重视并认真对待。

1.1.1 贝类原料的品质鉴定、加工方法及技术要求

贝类原料的品种很多，常见的有河蚌、蚬子、蛤蜊、扇贝、贻贝、竹蛏、生蚝、鲍鱼、带子、象拔蚌等。它们各有特点，但也有一定的共性。

1. 贝类原料的品质鉴定

1）鲜活为上，且贝壳完整有光泽，两壳紧闭或时张时闭，闭合时会间断地向外喷水，富有活动感，宜于选用；贝壳破损或张开后不能闭合的死贝，不宜选用。

2）贝类的形状以个大肥硕的为好，以选用大小基本一致的为宜；个小的贝类因为肉少，故食用价值不大。

3）已去壳的贝类，可鉴定其肉。颗粒大而饱满，个头均匀，肉质洁白有弹性，闻之有鲜美味，无腥臭异味，表示质量好，较新鲜；如有腥臭异味则表示不新鲜。如有柴油等怪气味的，属污染品，切勿选用。

4）冰鲜贝类的肌肉，外观洁白，颗粒大小均匀，无碎粒或碎粒少，嗅之是正常的海鲜味，化冻后出品率在70%左右的，质量较好。

2. 贝类原料的加工方法及技术要求

1）先洗净贝壳表面的泥沙，淡水贝类如河蚌、蚬子，可用自来水浸养一两天；海产贝类，有条件的可用海水浸养一两天，使其吐净泥沙后，再用清水洗净，这样的贝肉品质会更好。浸养贝类时，可在水面滴少许食用油，以隔绝部分空气，贝类会加快呼吸并吐出泥沙。

需要注意的是贝类浸养时间不宜过长，否则贝类易瘦、易死。

2）个头大的贝类，如扇贝、生蚝等，取肉时可用尖刀或专用刀具沿贝壳闭合处插入，贴着贝壳一侧切断闭壳肌，打开贝壳，再切断另一侧的闭壳肌，取出肉，摘除食袋、鳃衣等不能食用的部位，将贝肉放入盆内。清洗时可添加少量的香醋或食盐，以便去除污物和黏液，漂洗干净后，即可进行下一步加工。若制作菜肴时需要使用原贝壳，必须将选用的贝壳刷洗干净，再经过焯水处理后备用。

3）个头小的贝类，如竹蛏、蛤蜊、花蛤等，也必须先洗净外壳，然后采用沸水锅焯水的方法，待贝壳受热自然打开时，迅速倒出沥水，用清水冲洗干净。需要去壳的，去壳取肉使用；不需要去壳的，带壳使用，也有只去一侧外壳的做法。贝类焯水时必须水沸后下锅，而且贝壳打开后要立即出锅，不能久煮，否则会损失鲜味，肉质也会变老，影响后续使用。

1.1.2 爬行类原料的品质鉴定、加工方法及技术要求

爬行类动物有很多，其中受《中华人民共和国野生动物保护法》《中华人民共和国陆生野生动物保护实施条例》和十三届全国人民代表大会常务委员会第十六次会议通过的《关于全面禁止非法野生动物交易、革除滥食野生动物陋习、切实保障人民群众生命健康安全的决定》保护的品种是绝对不能作为烹饪原料使用的。

目前可用作烹饪原料的爬行类动物主要是不受保护的部分鳖㊀、龟、蛇等很少的品种。由于鳖、龟、蛇的形体结构各有特点，需针对具体品种进行品质鉴定、加工处理。

1. 鳖的品质鉴定、加工方法及技术要求

（1）鳖的品质鉴定 鳖又称甲鱼、水鱼、团鱼等。中华鳖多为人工养殖，是烹饪中常用的一种原料。其品质鉴定要根据其被捕获的方法、健壮活泼与否、背腹部颜色、体形大小、损伤程度来判别优劣。

1）徒手捕获、外形完整、个大者为佳，以钩、钓捕获的有伤、有疤痕者次之。

2）背部光洁呈青色或青黑色的清水鳖为佳，背壳呈黄色的黄沙鳖次之。

3）腹部光洁呈自然的黄白色，无血点、血丝、紫斑的为佳，反之质次。

4）鳖尾部超出背壳的为雄性，不超出背壳的为雌性，雄性比雌性的好。体重在500～750克的雄性清水鳖为上品。被蚊虫叮咬过的鳖易死，质量较次。

5）体质健壮、裙边厚而上翘、动作敏捷的为上品，用手抓住鳖的后腿关节处，如活动迅速、四脚乱蹬、凶猛有力的为优等级；如不灵活、四脚微动甚至不动的为次等级。

6）杜绝使用死鳖。鳖死后，内脏极易腐败变质，肉中的组氨酸会转变为有毒的组胺，对

㊀ 鳖作为烹饪原料多采用俗名甲鱼，常见菜品有红扒甲鱼、甲鱼煨猪蹄、甲鱼清炖鸡等，书中涉及用鳖制作的菜品统一用甲鱼这一别称。

人体有害。冷藏冷冻的鳖因非鲜活品，非特殊情况，最好也不要选用。

（2）鳖的加工方法及技术要求 活鳖的加工方法应根据所制菜品的要求和所采用的烹调方法而定，一般分为以下两类。

1）用于蒸、烧、扒、炖类菜肴的加工方法。将鳖腹部朝上放在砧板上，待其伸出头时迅速用刀从颈根处割断气管、血管，宰杀技艺娴熟的厨师，也可待其伸出头时，用左手拇指、食指和中指迅速捏紧其颈部，再用刀切断气管、血管，然后将鳖放入盆内，待其流尽血，再放入80℃左右的热水中浸烫约2分钟，取出，放在操作台上，趁热用钢丝球刷去背部和裙边上的黑膜，再刷去腿部及腹部的黏膜。若同时加工几只鳖，为了保持温度，要将浸烫过的鳖放在50～60℃的水中刮膜，因裙边胶质较多，凉透后黑膜会与裙边重新黏合在一起，较难刮洗干净。鳖去膜后，放砧板上，用刀的前刃在鳖的腹面中间部位剖开一个十字刀纹，然后掏出内脏，用清水冲洗后，再放入90℃左右的热水中浸烫8～10分钟，捞出后揭开背壳，摘除、摘清四肢中的黄油，因黄油腥味较重，如果不去除干净，菜肴必有腥味，汤汁也会混浊不清。最后剪去爪尖，剖开尾部泄殖腔，用清水洗净，即可进行下一步加工。由于所制具体菜肴的不同，既可以整只使用，如红扒甲鱼；也可以剁成块使用，如粉蒸甲鱼；还可以成熟后去骨取肉使用，如三鲜甲鱼羹等。

2）用于生炒或酱爆类菜肴的加工方法。鳖的宰杀、刮膜与前面的方法相同，只是刮膜之后不再进行第二次水烫，而是直接用刀从尾部与背部之间剖开直至前爪部，掀起背部，清除所有内脏后，用刀剁成大小适宜的块，再用清水冲洗，沥去水，即可进行下一步加工。

2. 龟的品质鉴定、加工方法及技术要求

龟类包括龟科和平胸龟科的多种龟，其陆栖或在淡水中生活。我国的龟大多数是被保护的物种，不能用于烹饪。目前可用于食用的龟类多为人工养殖的少许品种。

（1）龟的品质鉴定

1）龟体腹甲及背甲均极坚硬，外观饱满，四肢完整有力，爬行时腹甲与地面平行的活力最强，质量也最佳。

2）龟体四肢、尾和颈部内凹皱褶部分无外伤、无肿块，无寄生虫附生，且口鼻处无异常分泌物，肛门处无大便脏污的为佳。

（2）龟的加工方法及技术要求 龟的加工方法一般分两种。

1）刀杀。将龟腹甲朝上放在砧板上，待其伸出头颈时，用刀迅速剁断颈部，放血后，放入大盆内，用80℃的热水浸烫1分钟，取出，放在砧板上，用刀背敲打所有背甲处，令最外层背甲与里层背甲松动，用刀铲去外层背甲，同时去除头颈部、四肢、尾部外面的角质层，再用刀刃沿着背甲与腹甲之间的连接处用力切进去，个别坚硬处还需要使用砍刀稍砍，切开并卸下背甲，摘去内脏和所有黄油，剁去爪上指甲，切去尾部泄殖腔，再剁成大小适合的块，洗净，放清水中漂去血水，捞出待用。

2）烫死。将龟外表刷洗干净，放入冷水锅内，锅上火，慢慢加热至80℃（不宜煮沸，龟肉熟了易与龟壳脱离），让龟在慢慢加热的过程中排出龟尿，并被烫死。将烫死的龟倒入水池内，用凉水略冲，以不烫手为宜，去掉四肢、头尾外面的角质层，用刀把龟壳外面的背甲铲掉。用平口螺丝刀沿着龟壳两侧缝隙插进去，撬开龟壳并卸下。摘去内脏和所有黄油，剁去爪上指甲，切去尾部泄殖腔，再剁成大小适合的块，洗净漂清，捞出待用。

3. 蛇的品质鉴定、加工方法及技术要求

蛇是爬行动物中种类最多的一类，分毒蛇和无毒蛇两类，其中有一部分已被列为国家级或省级保护动物，即便有些野生蛇未被列入保护动物名录，但为了防止可能的病毒感染或寄生虫感染，建议也不要用于烹饪加工。人工饲养的无毒蛇和少数有毒蛇，在特定的情况下还是可以用于烹饪加工的。

（1）蛇的品质鉴定

1）体长、健壮，体表无伤，生猛有力的活蛇较佳。

2）秋冬季节的蛇最为肥美，夏季的较瘦。

（2）蛇的加工方法及技术要求 因蛇的形体特征比较相似，故加工方法也基本相同。毒蛇的宰杀尤其要注意安全。

宰杀活蛇时，先用左手捏紧蛇头两侧（无论其如何扭动也不可松手），右脚踩着蛇尾，右手持小刀割开颈圈皮层，然后用小刀划开腹部，从头至尾划开，用手剥去蛇皮，连内脏带出，剁去头、尾，洗净，剁成段，待用。内脏中的胆、肠均可入药或食用，蛇皮用小刀刮去细鳞，放入沸水中略烫后可单独成菜。剁下的蛇头，特别是有毒蛇头，应用长柄的夹钳夹住，放入特定的垃圾桶或深度掩埋，切不可用手直接接触，因其仍能张口咬人，并使人中毒。

若尚未掌握杀蛇技巧，应请专业人士进行宰杀加工，或将蛇装在网袋中放入冰柜中冷冻30～40分钟，待其冻僵后，取出网袋，用大剪刀剪去蛇头，再进行剖腹、去皮、去内脏及剁成段的加工，以免发生意外。

1.1.3 软体类原料的品质鉴定、加工方法及技术要求

软体类原料的品种很多，除贝类外，还包括头足类的鱿鱼、墨鱼、小章鱼等。

1. 鱿鱼、墨鱼、小章鱼的品质鉴定

鱿鱼、墨鱼、小章鱼均属于头足类软体动物性原料，其鲜品的鉴定方法基本相同，主要从色泽、气味、形状、肉质等方面进行鉴定。

（1）色泽 外表皮膜完整，呈粉红色或稍带紫色的，说明新鲜；呈深紫色或稍带褐色的，说明不新鲜。

（2）气味 闻之有淡淡腥味或海水固有气味的，说明新鲜；闻之有恶臭或特殊异味的，

说明不新鲜或已变质。

（3）形状　外形完整，内脏完好，无破裂渗出的，说明新鲜；外形不完整，有残缺的，说明不太新鲜或不新鲜。

（4）肉质　用手捏，肉质紧实有弹性的，用双手反向撕拽，其头与躯干部连接较紧的，撕去外膜，肌肉呈白色的，说明新鲜；反之，则不太新鲜或不新鲜。

干品鉴定主要看外观，闻气味，摸硬度。外观色泽自然，无霉点，完整均匀呈扁平块状，口腕无残缺，躯干部位洁净无损伤；有海产品正常的腥味，无臭味及异味（如漂白剂、防腐剂的气味）；外表干燥，肉质坚实肥厚的，说明质量较好。

2. 鱿鱼、墨鱼、小章鱼的加工方法及技术要求

头足类的鱿鱼、墨鱼、小章鱼的可食用部位主要是外套膜（肌肉）和足部（环列于头前和口周围）。加工方法基本相同，现以鲜墨鱼为例。

将鲜墨鱼的头部从躯干上拽出，用剪刀沿口部剪开，去除腭片和齿舌，再剪开眼部，去除其眼，撕去足须外的膜、吸盘，洗净。将鲜墨鱼躯干带骨（内壳）的一面朝上放在砧板上，用刀顺长居中划一刀，取出内壳（可保留做药用），剖开，摘除胃肠、墨囊和胰脏，撕去外膜，洗净待用。批量加工鲜墨鱼时，要保留其体内的生殖腺，雄性生殖腺可干制成墨鱼穗，雌性产卵腺可干制成乌鱼蛋，两者均为著名的海味原料。

清理的关键在于：去尽内脏，撕尽黑色外膜，去除眼睛和黑色的汁，去除黏液，最后清洗干净，待用。鲜墨鱼的墨汁颜色虽黑，但味道鲜美，可用于菜肴或面点的增鲜剂或发色剂，创制出新的菜点品种。

1.1.4　虾的品质鉴定、加工方法及技术要求

1. 虾的品质鉴定

（1）看鲜活　购虾时以鲜活为佳，虾在水中游动，不时产生气泡，用网抄之活蹦乱跳的，最新鲜。挑选龙虾时，用手抓住龙虾头后面第一节，若龙虾尾部自然翘起，说明龙虾很新鲜。

（2）看外形　虾头尾须完整，头尾与身体紧密相连，眼突，虾身较挺，有一定弯曲度的，说明新鲜。不新鲜的虾眼凹，头与体、壳与肉相连松弛，头尾易脱落或分离，不能保持其原有的弯曲度。经过冷藏的虾，若虾头发黑，虾肠与虾肉出现松离，说明不新鲜。

（3）看色泽　新鲜虾虾壳发亮，河虾呈青绿色，对虾呈青白色（雌虾）或淡黄色（雄虾）。不新鲜的虾壳软发暗，色灰浊，由原色变为红色或灰紫色。若虾壳表面有一些黑白斑点，同时虾腮呈现黑色的，很可能是病虾。

（4）看肉质　新鲜虾肉质坚实、细嫩，触摸时壳须稍硬，有弹性。不新鲜的虾肉质松软，弹性差。

（5）闻气味 新鲜虾有正常的虾腥味，无异味。若味腥稍重，壳肉稍有分离，说明虾刚死不久。若有异臭味则为变质虾。

虾仁是虾的加工制品，主要分淡水虾仁、海虾仁；新鲜虾仁、冻虾仁。其品质的感官鉴定方法如下：淡水虾仁，洁白有光泽，完整，个头大小匀称，弹性较好，无残留虾壳或其他杂质的为优质虾仁；海虾仁，颜色较为纯正，外表微红或微青，个头较大，弹性较好，虾肉内部多为白色，无碎粒，无残留虾壳或其他杂质的为优质虾仁。

2. 虾的加工方法及技术要求

虾类烹饪原料主要有海产的龙虾、新对虾、鹰爪虾、白虾、毛虾、美人虾、沙虾等，平常所说的竹节虾、基围虾均属对虾系列；淡水产的有中华新米虾、日本沼虾、克氏原鳌虾等，以及半淡水产的罗氏沼虾等。

这些虾的加工方法应根据所制具体菜肴的要求而定，初加工主要是剪去额剑、触角、步足，体型较大的虾需要挑（剔）去背部沙肠（线），有些还需要摘除头部沙包和去鳃。初加工后可以整用，如盐水大虾、油爆大虾等；可以去头、去壳加工成虾仁使用，如龙井虾仁、虾仁涨蛋等，也可将虾仁加工成虾蓉使用，如炸虾球、煎虾饼等；也可以去头、去身上壳、留尾壳加工成凤尾虾使用，如脆皮凤尾虾、高丽凤尾虾等；去须、留壳、沿脊背剖开加工成开片虾，可以制作蒜蓉开片虾、XO酱开片虾等。大龙虾的加工方法一般是：先将龙虾刷洗干净，放在砧板上，使龙虾腹部朝外，左手从背面握住龙虾身，右手用一根筷子从龙虾的排尿口插入至接近头部时，抽出筷子，排去体内的水（行业内称之为排尿），然后卸掉两只大螯钳，将龙虾头与虾身反向旋转两三下，使虾头、虾身分离，再掰开虾头，摘去腮和胃囊，取出虾脑、虾黄，清理干净后再放回去；龙虾无须剪去步足，因步足中也有肉，也无须剪去触须，触须在装盘时具有美化作用。龙虾头内的虾卵可与龙虾同烹，也可蒸熟放凉后碾碎、烘干，制成虾子，是非常鲜美的调料。

1.1.5 蟹的品质鉴定、加工方法及技术要求

1. 蟹的品质鉴定

我国蟹的品种很多，分淡水蟹和海蟹两大类。因其分布地区不同，有一定的等级之分。

（1）淡水蟹 淡水蟹中，一等是湖蟹，阳澄湖、嘉兴湖出产的为一级，邵伯湖、高邮湖出产的为二级；二等是江蟹，芜湖出产的为一级，九江出产的为二级；三等是河蟹，清水河出产的为一级，浑水河出产的为二级；四等是溪蟹（也称石蟹）；五等是沟蟹（俗称山螃蟹）。另外，中华绒螯蟹还有一个商品蟹的规格分级，是根据雄蟹、雌蟹的重量划分的，见表1-1。

表1-1 中华绒螯蟹商品蟹的规格分级

等级	雄蟹体重 / （克/只）	雌蟹体重 / （克/只）
特级	≥250	≥165
一级	200～249	140～164
二级	175～199	120～139
三级	150～174	100～119
四级	＜150	＜100

淡水蟹的品质鉴定要掌握好“五看”。

1）看活力。蟹必须选活的，爬得快，不断吐泡并有声音的；将螃蟹翻转过来，腹部朝上，能迅速用螯足弹转翻回的，活力强，可保存；不能翻回的，拿起来蟹腿下垂无力的，活力差，存放时间不能长。死蟹不能选用，易引起组胺中毒。

2）看蟹壳。蟹背壳隆起，呈青色或黑绿色，有光泽，蟹体壮实较厚、分量较重的，质量较好；壳背呈黄色或淡黄色的，大多较瘦弱。

3）看肚脐。肚脐干净发白，尾端饱满或鼓起的，掀起脐盖，脐尾两旁会透出红色（行内俗称“红印”）的，一般都膏肥黄满肉丰；肚脐凹进去的，大多体膘不足。

4）看螯足。螯足绒毛丛生，坚挺有力，腿足完整饱满健壮的，质量好；螯足无绒毛，腿足不完整或不饱满，足软的，质量次。

5）看雄雌。农历九月选雌蟹，十月选雄蟹，因为雌雄螃蟹分别在这两个时间段里性腺成熟，膏肥黄满肉丰，滋味鲜美。十一月、十二月，雌蟹雄蟹均可选。

（2）海蟹 海蟹的品种很多，如梭子蟹、红膏蟹、锯缘青蟹、面包蟹、红花蟹、兰花蟹、帝王蟹、珍宝蟹、软壳蟹、旭蟹（蛙蟹）等。这些都是美味，并无明确的等级划分，鲜活、肥硕、未受环境污染的海蟹是最好的。海蟹的品质鉴定要掌握好六个方面。

首先应选择活的海蟹，除此之外，海蟹的质量优劣主要通过新鲜度、个头大小、肥瘦进行鉴定。

1）看。头胸甲背处呈茶绿色，腹部呈灰白色，有光泽，蟹脚上节缩起与蟹背壳呈水平状者，质量较好；背壳呈橙黄或红色，无光泽，蟹脚松软张开的，质量较次。

2）摸。手摸蟹壳，手感粗糙刮手的多为新鲜蟹；手感滑腻，有黏膜的多为不新鲜或变质蟹。

3）掂。用手掂一掂蟹的分量，手感沉重者，质量较好；手感较轻者，说明较瘦，质量也较差。

4）拉。新鲜的海蟹腿和螯关节有弹性，拉出后立即恢复；变质海蟹腿和螯关节无弹性，轻拉必脱落。

5）闻。新鲜海蟹有正常的海腥味，无臭味；变质海蟹往往有腥臭味。

6）剥。剥开脐盖，凡蟹黄或蟹膏凝聚者质量好；蟹黄或蟹膏不成形或散开，气味正常，说明该蟹较瘦，若气味不太正常，表明可能已经变质。

2. 蟹的加工方法及技术要求

蟹的加工方法应根据所要制作的具体菜肴而定，分整只使用、剁块使用、出肉使用三种形式，如清蒸大闸蟹，只要将蟹刷洗干净后用细棉绳将蟹足捆扎整齐即可；如面拖蟹，要将蟹刷洗干净，用刀居中铡切为二，剁去爪尖，摘去鳃，切口处粘满面粉，堵住蟹黄蟹肉，再烹调；如炒蟹粉，要将蟹刷洗干净后蒸熟，剥壳后用专业工具剔出蟹黄蟹肉，再进行下一步加工。

从市场采购回来的淡水蟹，一般刷洗干净后可直接使用，也可以在加工前先静养于清水中1～2小时，让其吐出泥沙。静养时间不宜长，因为蟹在清水中会爬行、争斗，易消耗能量，时间长了易瘦、易死。然后用软毛刷刷净骨缝、背壳、螯足上的残存污物，最后掀起腹脐挤出粪便，用清水冲洗干净即可。清蒸前可用细棉绳将蟹足捆扎后再蒸，以防受热过程中蟹足脱落，影响成型完整。海蟹的加工方法与淡水蟹基本相同。

技能训练1 扇贝、带子的初加工

扇贝去壳后的闭壳肌称鲜贝，干制后称干贝；带子多指栉江珧的闭壳肌，有时也指日月贝的闭壳肌，鲜品称带子，干制品称江珧柱。加工整理及清洗方法如下：

1）刷洗贝壳外壳。将新鲜的扇贝或栉江珧、日月贝放在清水盆内，用小刷子刷洗外壳上的泥沙、污物等，以防去壳时弄脏闭壳肌。

2）将刷洗干净的扇贝等放在砧板上，用平口小刀沿着两壳之间的缝隙插进去，然后用刀刃紧贴着壳的底部（较平的一侧），一点一点地切割开闭壳肌，撬开底壳，丢去不用，再用刀刃紧贴着上壳（较凸的一侧，可在成菜装盘时使用）切开闭壳肌，这样可以得到一个完整的闭壳肌。

3）摘除与闭壳肌相连的腮，剪掉或挤出黑色的内脏、食袋等不能食用的部位，然后用淡盐水浸泡3分钟后，清洗几次（也可滴入少许白醋抓洗两三次），洗去韧带上的黑膜，用清水漂净即可。

4）冷冻的扇贝或带子净肉，从冰柜取出后直接放在盆内，让其自然解冻，可以保持原有的品质，若因为急用而放在温水里解冻，则难保原有品质，成菜口感较差。

技能训练2 生蚝的初加工

生蚝加工先要撬开壳，开壳时最好使用专用的生蚝刀。这种刀的刀身厚、硬、窄，单刃，前端较尖，刀把稳固，使用顺手。还需要准备干净的抹布或专业防护手套，因为生蚝外壳坚硬，棱角锋利，缝隙难找，对新手而言，开壳时，若用刀不当或用力过猛容易误伤自己的手，故必须先做好必要的防护。

1）先将生蚝放水池内，用流水、小刷子刷洗去生蚝外壳上的泥沙，放入盆内。

2）准备一个不锈钢方盆，铺上冰块或冰霜，若无冰块或冰霜，也可用干净的小石子或粗盐铺在盆里，用于盛装开壳后的生蚝。垫底主要是为了将开壳后的生蚝放得平稳。

3）开生蚝时，将抹布对折后铺在砧板上，将生蚝凸的一面朝下放在抹布一侧，将抹布另一侧折起，盖住生蚝平的宽而薄的一侧，这主要为了让抹布裹住自己的手并压住生蚝。

4）生蚝一端宽而薄，一端窄而厚。用生蚝刀以一定的角度从窄的尾端缝隙自上而下地插入（一些长得不太规则的生蚝也可以从下往上插入）。

5）将插进去的刀左右小幅度转动（幅度太大会制造出大量碎壳），并适当用力使刀身进一步深入壳内。

6）刀身进入大概不到1厘米，就可大幅度转动刀身一次，会听见“啪”的一声，壳就开了。此时切记停住，不要硬开壳。生蚝的闭壳肌连接两边的壳，需要先把肌肉的上端切断，然后掀开上面的壳，成为一个完整的带壳生蚝。

7）然后沿着闭壳肌下端划一圈，切断闭壳肌。

8）取出蚝肉，摘去鳃，洗净，控去水。

9）将凹的生蚝壳内的生蚝汁液倒入碗内，可以利用。然后将生蚝壳刷洗干净，在冰块或冰霜上放稳，再放上洗净的蚝肉，即可进行下一步加工。

鲜活生蚝除上述开壳方法外，还可以采用高温加热的方法开壳。把新鲜的原壳生蚝放进微波炉、蒸笼等炊具内，适当加热，生蚝的闭壳肌就会发生萎缩，继而开壳。如微波炉加热：将1个生蚝放进微波炉，高火15秒，生蚝壳就会自动打开。或将生蚝用铁夹夹住，放火上烤一下，生蚝壳也会自动打开。用高温加热的方法使生蚝自动开壳，方法简单快捷，但不适用于生吃生蚝的加工。

技能训练3　蛤蜊的初加工

蛤蜊的品种较多，有花蛤、文蛤、沙蛤等，有大有小，夏季最为肥美。蛤蜊的加工方法比较简单，将市场上买回来的蛤蜊（大多已经吐过沙了）放入盆内，拣去个别死蛤，用清水反复洗2～3次，控去水。锅上火，放足量清水烧沸，放适量姜片、葱段、黄酒，倒入蛤蜊焯水，见蛤蜊开壳，立即用漏勺捞出，冷水冲凉，控去水即可进行下一步加工。焯蛤蜊的水可以倒入一个空盆内，澄清后倒入汤锅，用于烧菜。

如果蛤蜊需要吐沙处理，将其放在20～30℃、盐度15‰～35‰的水中，浸养12～16小时，让其自然吐沙。

技能训练4　蛏子的初加工

蛏子有大小之分，小的叫竹节蛏，大的叫蛏子王，清理加工方法大同小异。

1）把买回来的蛏子放入盆内，先用清水将外壳冲洗干净，接着准备一盆清水，放入适量食盐化开，盐度为15‰～35‰，可以蘸水尝一尝，略有咸味即可，盐少了，蛏子不吐泥沙，但如果盐多了，蛏子很快会死掉。

2）将外壳洗净的蛏子放入盐水盆中，静置20～30分钟后，蛏子开始吐水并带出泥沙。为了防止蛏子把吐出的泥沙再吸回去，可以把蛏子放在滤水篓中，再把滤水篓放在盐水盆里，并在底部垫上筷子。这样，吐出的泥沙就会沉到水底，不会再被蛏子吸回去。

3）蛏子吐水约1小时后，取出，用清水冲洗一次，倒进新的盐水中继续浸泡1小时后取出，再用清水冲洗一次，再换新的盐水进行浸泡，此次可在盐水里加几滴食用油，能隔绝部分氧气，让蛏子体内的泥沙吐得更干净些，也可以加几滴食用醋，可杀死嗜盐菌。

4）经过3次盐水浸泡和3次清水冲洗后，将蛏子放入沸水锅中烫一下，蛏子壳会自动打开，倒入漏勺沥水，清水冲凉，取出蛏子肉，撕掉上面的黑线、剪去黑色的“沙袋”，用手挤出蛏子吸管里的脏东西，最后用清水冲洗干净即可。

5）蛏子王的壳有时也会用来装蛏子肉，要将外壳入沸水锅中煮沸后再使用。

技能训练5　象拔蚌的初加工

1）把象拔蚌的蚌壳开口朝上放在砧板上，用左手按牢，右手执锋利的小刀，刀身前端紧贴着蚌壳的最边缘插进蚌壳和蚌身之间的虹吸管底部。

2）小刀贴着蚌壳移动，将连接蚌壳两边的结缔组织分割开，打开蚌壳，蚌身完全展露出来，取出蚌身。

3）在蚌身里端有一个椭圆形的象拔蚌肚，也称象拔蚌胆，用刀切下来，单独洗净，可以用来煲汤或煮粥。

4）把切除了蚌肚的蚌身放在大盆内，用90℃左右的热水均匀浇在蚌身上，等热水淹没蚌身后，捞出象拔蚌，用冷水冲凉。象拔蚌虹吸管外的角质皮层会起泡或起皱，从粗的一端向细的一端开始撕皮，可以撕出一个比较完整的皮。

5）象拔蚌去皮后，可以再洗一次，然后用刀将虹吸管和蚌身切开。将蚌身洗净。

6）把切下的虹吸管浸入冰水中，用刷子刷去表面的棕色碎皮，再从虹吸管粗的一端露出的两个气孔处下刀，沿中间顺长切开。在冰水中洗净虹吸管内的污物后漂清。

至此，整只象拔蚌的清理加工全部完成。蚌肚和蚌身可用来煮汤或做粥；浸过冰水的虹吸管口感脆嫩爽滑，可切成薄片蘸调料生吃，也可爆炒或制作凉拌菜。

技能训练 6 鲜鲍鱼的初加工

1）将原壳鲍鱼放入清水中，用刷子将鲍鱼外壳刷洗干净，放入盆内。

2）往鲍鱼盆内放适量清水，左手抓鲍鱼，右手拿刷子蘸上食盐，刷洗至鲍鱼肉洁白干净。

3）用小刀切断鲍鱼肉与贝壳相连的贝柱，取出鲍鱼肉。

4）在鲍鱼贝柱旁边有青黑色的呈半月牙形的内脏（海藻味浓郁），可以切去不用，也可以取下用油煎脆后，蘸调料食用。

5）鲍鱼身体较窄的一端是鲍鱼的嘴，内有一条食胃管，用刀在其嘴部划一刀，割去食胃管。

6）将整理好并清洗后的鲍鱼放在盆内，即完成初加工。

7）若要生吃鲍鱼，必须将其洗净后放入纯净水中，加足量冰块，再加适量食盐，放几片柠檬，浸泡10分钟，然后取出切成薄片（也可剞多十字刀整用），蘸调料食用。

技能训练 7 鲜鱿鱼的初加工

1）将市场上采购回来的鲜鱿鱼放在清水里浸泡30分钟左右，中间换一次水，捞出。

2）将大的鱿鱼腹部朝上，放在砧板上排齐，逐一用剪刀在鱿鱼腹部中间位置顺长剪开，打开腹腔，先剪去鱿鱼的胆，胆若破，会影响鱿鱼的品质。

3）摘除透明的鱼骨和所有内脏。

4）切下（或拽下）鱿鱼头，使其与鱿鱼身分离。

5）先用清水将鱿鱼头、鱿鱼身冲洗一次。

6）将鱿鱼身带黑膜的一面朝上，平放在砧板上，用手抓住鱿鱼尾端的三角尾鳍向头部轻轻撕拉，撕去外面的一层黑膜（必须撕干净），用清水洗净，即成一片干净洁白的鱿鱼身。

7）用剪刀从鱿鱼头的口部剪开，摘去牙齿和污物；剪开眼部，挤去眼珠和黑色的汁；剪去或抠掉触须上的吸盘，撕去外面的黑膜，洗净即可。

8）小的鱿鱼可以采用拉拽的方法，使鱿鱼头和鱿鱼身分离，左手握着鱿鱼的身体，右手握着鱿鱼头，轻轻往外拉，头身分离时，鱿鱼内脏等杂物也会被全部或部分抽出。然后把手伸进鱿鱼的身体里，抠出残留的杂质，用清水冲洗干净。小鱿鱼头的处理方法与大鱿鱼头的处理方法相同。

技能训练 8 鲜章鱼的初加工

1）将鲜章鱼放入盆内，加足量清水，用手抓洗几遍后，再冲洗一次。

2）将冲洗后的鲜章鱼仍放入盆内，加少量清水，放入适量的盐和白醋，用双手不断地搓洗，洗去表面的黏液，清洗干净。

3）章鱼的八条腿中间有一口，里面有牙齿，小的用手直接挤出即可，大的可用剪刀剪开，摘去牙齿。

4）将章鱼的眼睛剪掉或抠掉。

5）去内脏时，小章鱼可以直接将其肚子整个翻过来，摘除内脏后清洗干净；大章鱼需要用剪刀剪开身体，扒开体腔，摘除内脏，再清洗干净。

6）最后撕去章鱼的黑色“外衣”，大的还需要摘除吸盘，反复清洗，直至水清干净为止。

技能训练9　虾的初加工

虾的加工方法应根据所要制作的具体菜肴而定。

1）小河虾整只使用（如盐水虾、油爆虾、面拖虾等）时，只要剪去虾枪、虾须，洗净即可，不必去虾线。

2）大虾整只使用时，必须去虾线，可以用牙签在虾背部、关节之间的缝隙处挑出虾线，洗净待用。

3）整虾取虾仁时，小虾采用挤的方法去壳取虾仁；大虾采用剥的方法去壳取虾仁，大虾仁需要挑去虾线。

4）整虾取凤尾虾时，多选用大虾，一般先去头，然后采用剥的方法剥去虾身前端的5节壳，留尾壳和尾壳前的一节壳，挑去虾线后，再进行下一步加工。

5）加工开片虾时，先剪去虾须、虾枪，留壳，从脊背部居中、顺长剖开，挑去虾线，洗净，再进行下一步加工。

技能训练10　蟹的初加工

螃蟹的加工方法根据所要制作的具体菜肴不同可分为整用、剁块用、出肉用三种形式。

1）螃蟹整只使用时，应全面刷洗外壳、螯爪，冲洗干净后，用细棉绳将蟹足捆扎好，再蒸。

2）螃蟹剁块使用时，也要全面刷洗外壳、螯爪，冲洗干净后，用刀居中铡切为二，剁去爪尖，摘去脐盖（也可不去），摘去鳃，剁成大小合适的块，再进行下一步加工。

3）螃蟹出肉使用时，多为蒸熟后出肉，采用第一种方法进行刷洗，可以不用捆扎，直接蒸熟，取出，放凉，再进行去壳出肉加工。去壳出肉时，蟹黄与蟹肉应分开放置，便于选用。

1.2 干货原料初加工

干货原料初加工主要指涨发加工，一般都在复水（重新吸回水分）后，才能用于正式烹调。干货原料复水后恢复至原来新鲜状态的程度是衡量干制品品质的重要指标，同时也能反映出涨发技术水平的高低。干货原料的复水并不是干燥历程的简单反复。这是因为原料在干燥过程中所发生的某些变化并非完全可逆。复水的基本类型有吸水、膨润、膨化后吸水三种。

干货原料的涨发加工就是利用烹饪原料的物性，进行复水和膨化加工，使其重新吸水后，基本恢复原状，除去异味和杂质，合乎食用要求，利于人体的消化吸收。此过程简称“发料”。

1.2.1 碱发的概念及原理

1. 概念

将干货原料置于碱溶液中进行涨发的加工称为碱发，有碱面涨发、碱水涨发两种。一般干货原料不太适用碱面涨发，故仅介绍碱水涨发。

碱水涨发是指使用配制好的碱水溶液对某些干货原料进行适当浸泡或煮焖，使其吸水膨润的涨发加工方法。碱水涨发能使质地干燥坚硬的原料较迅速地吸水、膨润、涨大，里外均匀，并最大限度地恢复其原有的形态和质感，因此，碱水涨发的出品率一般稍高。

2. 原理

碱水涨发是在清水涨发的基础上，加入适量食碱所采取的一种强化措施，主要适用于一些动物性干货原料，如蹄筋、鱿鱼等。

这些干货原料的内部结构是以蛋白质分子相联结搭成骨架，形成空间网状结构的干胶体，其网状结构具有吸附水分的能力，但由于蛋白变性严重，加之表皮有一层含有大量疏水性物质（脂质）的薄膜，所以在冷、热水中涨发，水分子比较难以进入。若把干货原料放入适当浓度的碱水中浸泡，碱水可与原料表皮的脂质发生皂化反应，使其溶解在水中。泡涨的表层具有半透膜的性质，能让水和简单的无机盐透过，进入凝胶体内的水分子即被束缚在网状结构中。另外，原料浸泡在pH很高的碱性溶液中，pH远离蛋白质等电点，增加了蛋白质的电荷数，使蛋白质分子的水化能力增强，从而增强了原料的吸水能力，加快了水发速度，缩短了涨发时间。

1.2.2 动物性干货原料的碱水涨发方法及技术要求

1. 碱水涨发方法

碱水涨发分为生碱水涨发和熟碱水涨发两种。

（1）生碱水涨发

1）生碱水配制。将10千克冷水（冬天可用温水）倒入桶内，加入500克碱面（又称食碱、碳酸钠），用手勺搅至溶化，即成5%的生碱水溶液。在使用中，生碱水的浓度还可根据干货原料的老嫩、大小和涨发速度的需要进行适当调节。

2）生碱水涨发方法。在涨发前，必须先将干货原料用清水或温水充分浸泡，使其吸水回软后，再放入碱水中浸泡发制。浸泡发制的时间长短视原料的老嫩、大小、厚薄程度灵活掌握（一般在4～8小时），待原料涨发至适合的程度（一般以指甲可以掐入为度），捞出原料，放入40℃左右的热水中浸泡约1小时，最后将原料捞出，放入清水中漂去碱质，中途可换水两三次。此种涨发方法适用于鱿鱼的涨发、燕窝涨发时的提质等。

（2）熟碱水涨发

1）熟碱水配制。将9千克开水倒入桶内，加入350克碱面和200克石灰，用手勺搅拌均匀，待其冷却、静置后澄清，滤去沉渣，即成熟碱水。在熟碱水配制过程中，碱和石灰混合后发生化学反应，生成氢氧化钠、碳酸钠等。氢氧化钠是强碱，碳酸钠是盐（为强碱弱酸盐），最终溶液呈弱碱性。因此，用熟碱水发料比用生碱水发料效果好。熟碱水适用于大部分性质坚硬的原料。

2）熟碱水涨发方法。涨发前，必须先将干货原料用清水或温水充分浸泡，使其吸水回软，然后再放入碱水中浸泡发制。浸泡发制的时间长短视原料的老嫩、大小、厚薄程度灵活掌握，待原料涨发至适合的程度后，用清水漂去碱质，涨发时无须“提质”，发好后的原料色泽透亮，出料率高，主要用于鱿鱼、墨鱼的涨发。

2. 碱水涨发技术要求

碱水涨发是行之有效的一种涨发方法，但碱水毕竟具有一定的腐蚀和脱脂特性，因此，必须很好地掌握碱水浓度和发料时间，才能达到良好的涨发效果。

（1）干货原料必须先充分吸水 干货原料在碱水涨发前，必须先浸泡在清水或温水中让其充分吸水回软，因此，必须提前预留足够的时间浸泡需要涨发的干货原料，这是特别重要的第一步，不可或缺。只有在干货原料充分吸水回软后，才能放入碱水中涨发，否则涨发会失败。

（2）调配好碱水的浓度 根据干货原料的性质和所制菜品的具体要求，确定使用哪一种碱水及碱水的浓度进行涨发。碱水不同、浓度不同，原料涨发后的效果也不尽相同。浓度过稀，干料发制时间过长或发不透；浓度过高，腐蚀性太强，轻则造成原料外表腐烂，重则使原料报废。

（3）控制好碱水的温度　碱水的温度对原料涨发的效果有很大的影响，必须严格控制。在碱水发料过程中，碱水温度越高，腐蚀性越强，如燕窝“提质”时，水温高了，轻则数量减少，重则化为乌有。如鱿鱼，碱水温度在50℃左右时，放入后会卷曲，泡久了也会烂掉。又如蹄筋，泡在碱水中，切记不能上火加热，特别是在无人看管的情况下，加热既容易烂，更容易化掉。

（4）掌握好涨发的时间　在碱水浓度不变的前提下，原料的涨发时间虽然有一个特定的范围，但由于原料老嫩、大小、厚薄的不同，不可能在同一个时间内发好，必须经常检查、及时检查，先发好的先取出，直至发料完成。

1.2.3　鱼肚的涨发及技术要求

1. 鱼肚的涨发方法

鱼肚又称鱼胶、花胶等，常用的涨发方法有油发、水发。

（1）油发鱼肚　鱼肚的油发过程一般分为三个阶段：低温油焐制阶段、高温油膨化阶段和复水回软阶段。

（2）水发鱼肚　鱼肚的水发过程分为三个阶段：冷水浸泡吸水阶段、水煮或蒸制涨发阶段、持续冷水泡发阶段。

2. 鱼肚涨发技术要求

1）应先洗后泡，充分吸水。干鱼肚正式涨发前，先要洗去表面的灰尘，也可用牙刷刷洗。冷水浸泡的时间要长，中途可以换一两次水，让其充分吸水，由硬变软。水中放适量姜片可以去除鱼肚的腥味，鱼肚多，姜片也要多放些。

2）掌握好煮制或蒸制的火候。浸泡好的鱼肚在煮制时，要掌握好涨发的火候，煮时宜小火，宜少煮多闷（泡），水量宜多不宜少，水温宜保持在80～90℃，要经常检查鱼肚涨发的程度，及时调整水温和时间；蒸制时宜旺火、沸水、热笼，宜带水蒸制，水量宜宽，要经常检查鱼肚涨发的程度，以决定是否继续蒸制或熄火保温，不能为追求涨发后的重量而过度发制。

3）先发好的先取出。鱼肚因品种、大小、厚薄、老嫩不同，涨发的时间也会有差异，涨发时应尽量把大小、厚薄、老嫩基本相同的鱼肚放在一起涨发，以求涨发时间的基本一致，若难以做到，则在涨发过程中要先发好的先取出，未发好的继续涨发，以保证鱼肚涨发后的质量。

4）后续浸泡要注意保存方法。涨发好的鱼肚用清水冲凉后，浸泡在纯净水或清水中，后续浸泡仍然具有涨发作用，故常温保存时间不宜过长，可在浸泡的水中加入冰块，也可将其放入冰箱1～4℃保存。若涨发的鱼肚较多，一时用不完，可装在保鲜袋内密封后速冻保存，用时再取出，用清水浸泡回软即可。

另外，在鱼肚水发过程中，炊具和用水均要干净，要做到无油、无碱、无盐。煮鱼肚的水因含较多胶质，不要浪费，可用于煲汤。

技能训练 11 干鱿鱼的涨发

1. 生碱水涨发干鱿鱼

将干鱿鱼表面刷洗干净，放在清水或温水中充分浸泡（约12小时），待其吸水回软后，放进5%的生碱水中，浸泡发制4~8小时，待原料涨发至适合的程度（一般以指甲可以掐入为度，先发好的先取出），捞出原料，放入40℃左右的温水中浸泡约1小时，漂去部分碱质，最后将鱿鱼捞入清水中继续浸泡，完全漂去碱质，中途可换两三次水。发好的鱿鱼可浸泡在冷水中，放冰箱保鲜。

2. 熟碱水涨发干鱿鱼

将干鱿鱼表面刷洗干净，放在清水或温水中充分浸泡（约12小时），待其吸水回软后，放进熟碱水中，熟碱水的温度在30℃左右，浸泡发制时间为4~6小时，涨发程度以指甲可以掐入为度，先发好的先取出，再放入40℃左右的温水中浸泡约1小时，漂去部分碱质，最后将鱿鱼捞入清水中继续浸泡，完全漂去碱质，中途可换两三次水。发好的鱿鱼体厚增加约一倍，呈半透明状。发好的鱿鱼可浸泡在冷水中，放冰箱保鲜。

技能训练 12 鱼肚的涨发

1. 油发鱼肚

1）将干鱼肚浸没在冷油中，小火加热使油温升至100~115℃（油温切忌过高，必要时可离火），低温油焐制20~40分钟。低温油焐制好的鱼肚体积明显缩小，多具有半透明感，冷却后更加坚硬。

2）将经低温油焐制后的鱼肚放进180~200℃的高温油中，使之膨化变大。油炸膨化过程中，鱼肚体积急剧增大（要控制好鱼肚投放的数量，避免鱼肚膨大后，出现“锅小油少”的情况，也容易造成受热不均和炸不透的后果，影响鱼肚涨发品质），色泽呈黄色，孔洞分布均匀。

3）将膨化后的鱼肚放入足量的冷水中（冬季可用温水，切忌用热水或沸水）进行浸泡复水，浸泡时间较长，待其孔洞内充满水分，完全回软后，在温水中放少量食碱，洗去鱼肚上的油，清水漂清，方可进行下一步加工。

2. 水发鱼肚

1）用清水洗去干鱼肚表面的灰尘，放入清水盆内，加适量姜片，浸泡12小时以上（中途可以换一两次水），使其吸水回软。

2）将浸泡12小时以上的鱼肚取出，放入水锅中（水量要多些，至少两倍于鱼肚的量），再放入姜片，上火煮至微沸后，再用微火煮约20分钟（煮的时间长短要根据鱼肚的大小、厚薄、老嫩来决定，宜少煮多泡，煮时保持水面微微冒泡即可，不宜大沸）。然后关火，盖上锅盖，不用换水，利用水的余温继续浸泡12小时，也可使用保温桶进行浸泡。

3）将浸泡好的鱼肚取出，放入冷水盆中再泡发12小时（夏季或环境温度较高时，可放入冰箱保鲜室泡发和保存），中途需要换一两次水，待鱼肚体积增大至原来体积的2～3倍、并富有弹性时，鱼肚水发完成，可进行下一步加工。

4）也可以使用蒸的方法进行涨发。将浸泡后的鱼肚均匀地铺在一个盆里，再铺上适量的姜片，旺火蒸制5～7分钟，取出，鱼肚已卷曲、收缩。将鱼肚放进足量的冷水中泡发48小时（实际泡发时间要根据鱼肚的大小、厚薄、老嫩来决定，中途需要换一两次水，夏季或环境温度高时要放冰箱保存，以免变质）后，取出涨发好的鱼肚，可根据成菜的需要将其改刀成大小合适的形状，再放入冷水中浸泡。

复习思考题

1. 简述烹饪原料初加工的概念及范围。
2. 简述鲜活原料初加工的重要性。
3. 简述贝类原料的品质鉴定方法、加工方法及技术要求。
4. 简述鳖的品质鉴定方法、加工方法及技术要求。
5. 简述鱿鱼、墨鱼的品质鉴定方法、加工方法及技术要求。
6. 简述虾的加工方法及技术要求。
7. 简述淡水蟹的品质鉴定方法、加工方法及技术要求。
8. 简述鲜鲍鱼的初加工方法。
9. 简述碱水涨发的原理及熟碱水的配制方法。
10. 简述油发鱼肚的涨发过程和技术要求。

项目 2

原料分档与切配

- 原料分档与切配
  - 原料分割
    - 整料脱骨的概念及要求
    - 中式火腿的种类及分档方法
    - 技能训练1　整鸡脱骨
    - 技能训练2　整鱼脱骨
  - 蓉泥原料切割加工
    - 蓉泥的制作要领
    - 蓉泥制作的工艺流程
    - 技能训练3　鸡蓉
    - 技能训练4　鱼蓉
    - 技能训练5　虾蓉
    - 技能训练6　猪肉蓉
    - 技能训练7　牛肉蓉
    - 技能训练8　豆腐泥
    - 技能训练9　山药泥
    - 技能训练10　土豆泥
    - 技能训练11　蚕豆泥
    - 技能训练12　南瓜泥
  - 菜肴组配
    - 包、卷、扎、叠、夹、排、滚粘的概念与手法
    - 酿、穿、扣、捶、塑、串、藏的概念与手法
    - 技能训练13　蛋烧卖
    - 技能训练14　烤花揽鳜鱼
    - 技能训练15　象牙里脊
    - 技能训练16　炸梅卷
    - 技能训练17　柴把鸭子
    - 技能训练18　柴把鳜鱼
    - 技能训练19　锅贴凤尾虾
    - 技能训练20　锅贴鳝背
    - 技能训练21　脆皮藕夹
    - 技能训练22　火夹鱼片
    - 技能训练23　麒麟鳜鱼
    - 技能训练24　金华玉树鸡
    - 技能训练25　菠萝虾球
    - 技能训练26　芝麻鱼条
    - 技能训练27　酿青椒
    - 技能训练28　镜箱豆腐
    - 技能训练29　龙穿凤翅
    - 技能训练30　串葱排骨
    - 技能训练31　虎皮扣肉
    - 技能训练32　冬菜扣鸭条
    - 技能训练33　清汤捶虾
    - 技能训练34　蟹黄鲜贝盒
    - 技能训练35　掌上明珠
    - 技能训练36　雪花蟹斗
    - 技能训练37　烤羊肉串
    - 技能训练38　荷香焗串虾
    - 技能训练39　荷包鲫鱼
    - 技能训练40　羊方藏鱼

2.1 原料分割

原料分割是指根据整形烹饪原料不同部位的质量等级，使用刀具和方法对其进行有目的的切割与分类处理，使其符合所制菜肴的品质要求而成为具有相对独立意义的更小单位和部件，多方位体现原料的品质特点，扩大原料在烹调加工中的使用范围，调整或缩短原料的成熟时间，便于提高菜肴质量，利于人的咀嚼与消化，满足不同人群对菜肴的多种需求。

2.1.1 整料脱骨的概念及要求

1. 整料脱骨的概念

整料脱骨又称整料去骨，是运用专门刀具和刀法将整只（条）动物性原料的全部骨骼或主要骨骼剔除，并仍然保持原料原有完整外形的一种刀工处理技法。剔骨过程中，必须了解和掌握骨骼的部位、大小、结构，下刀准确，力求做到骨上无肉或肉少，避免碎肉与碎骨，并能保持原料原有的完整外形。

整料脱骨后的原料在菜肴制作中都要填入适当的馅料，馅料的生熟、荤素、形状等视所制菜肴的具体品种和风味特色而定，常用的有咸八宝馅、三鲜猪肉馅、蟹粉虾仁馅等。烹调多采用蒸、扒、烧、焖、炖、炸等方法。

2. 整料脱骨的要求

整料脱骨在选料和技术方面都有较高的要求。

1）选料必须符合整料脱骨的要求。用于整料脱骨的原料必须选用肥壮多肉、大小老嫩适宜的原料。鸡要选用一年左右，尚未开始生蛋的；鸭应选用八九个月的肥壮母鸭；鱼宜选用600～750克的鲜活鲈鱼、鳜鱼、鲤鱼等，新鲜的黄鱼也可。

2）初加工时必须确保外形完整。活鸡、活鸭宰杀后的烫毛要掌握好水温，不宜过低或太高，水温过低毛难褪，水温太高皮易破，烫的时间也不宜太长，否则去骨时皮易破裂；鱼类在刮鳞时，不可碰破鱼皮，以免影响质量。

3）剔骨、下刀必须谨慎、准确。要正确掌握剔骨的方法，选准下刀的部位，进刀时要贴着骨骼，缓缓切割并推进，做到剔骨不带肉，肉中不带骨；剔骨至皮薄处，更要注意刀刃割划的力度和速度，要注意不能割破外皮；要根据剔骨部位和难易程度的不同，适当换用宽窄不同、大小不同的刀具进行剔骨。

4）要了解整鸡、整鸭、整鱼在整料脱骨后的用途及相应的菜例。

2.1.2 中式火腿的种类及分档方法

1. 中式火腿的种类

中式火腿最著名的三大品牌是金华火腿（南腿）、宣威火腿（云腿）、如皋火腿（北腿），此外还有黄山火腿、诺邓火腿、安福火腿等，均用猪后腿经腌制、整形、翻腿、洗晒、发酵、风干等传统工艺精制而成，又有冬腿、春腿之分。火腿皮面呈淡棕色，肉面呈酱棕色的为冬腿；皮面呈金黄色，肉面油腻凝结，粉状物较少的为春腿。

质量好的火腿切开后，肉质致密深红，肥膘洁白细腻，香气浓郁，咸鲜味美。

2. 中式火腿的分档方法

火腿分档加工时，先去除外包装，然后用刀切去肉面上的盐霜、杂质等残留物，切去发黄的肥膘，最好用电锯将火腿按滴油、中方、上方、火踵、火爪五个部位锯开（若无电锯，也可用厨刀分割，因火腿质地较硬，用厨刀分割的整齐度不如电锯锯的好），使整只火腿分割成五块，再用90℃的热碱水（2500克开水加75克食碱面，调配浓度约为3%）刷洗去皮面及火爪上的油腻杂质，再用热水洗净。火腿的滴油、火爪可以先焯水，再水煮，然后去骨（也可不去骨）使用；中方、上方、火踵三个部位经焯水后，蒸熟、蒸透，趁热去骨，并将去骨后的火腿放在平盘中，上面再盖上一个平盘，放上砧板等重物将其压紧压实，待其完全凉透后，去除重物，将火腿用保鲜膜包起来，以便后续使用。

以整只金华火腿为例，分割位置、名称与用途如图2-1所示。

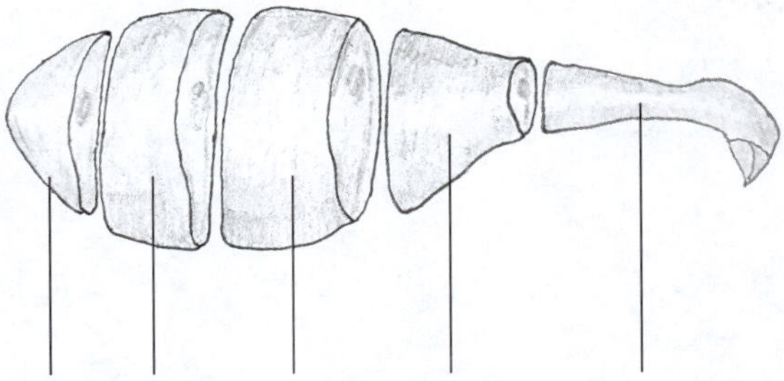

图 2-1 金华火腿分割

（1）滴油 骨率20%，瘦肉含量低。由于制作火腿时倒挂，滴油处含盐分最重，焯水后，宜炖汤。

（2）中方 骨率25%，瘦肉率30%，约占全腿重量的30%，适合切丝、片或条块等。

（3）上方 肉率45%～50%，利用率最高，是全腿的精华部位，肌肉纤维均匀致密，肉质细嫩，盐分轻，适合制作火方，切大片、条块等。

（4）火踵 俗称蹄髈，包括胫骨和腓骨，肉质上乘，盐分轻，芳香浓郁，适合整料炖制，如炖金银蹄、火踵炖老鸭等。也可蒸熟去骨后压实，切块或圆片、半圆片等，均带皮食用，故火候要足。

（5）火爪　骨头最多，包括趾骨、掌骨等，其余均为筋、皮，焯水后，宜炖汤。

技能训练1　整鸡脱骨

1）将外形完整的光鸡放在砧板上，用刀在靠近鸡头处将颈骨斩断，需注意不能切断头部颈皮；用刀在鸡颈和两肩相交处沿着颈骨直划一条长约6厘米的刀口，从刀口处翻开颈皮，然后拉出颈骨。

2）去前肢骨（翅骨）。从颈部刀口处将皮翻开，使鸡头下垂，然后连皮带肉慢慢往下翻剥，翻剥时可用刀刃割划肌肉和筋腱，直至前肢骨的关节露出后，再用刀将连接关节的筋腱割断，使翅骨与鸡身脱离。先抽出桡骨、尺骨，然后再抽出翅骨。

3）去躯干骨。将鸡放在砧板上，一手拉住鸡颈骨，另一手拉住背部的皮肉，轻轻翻剥到脊部皮骨连接处，用刀紧贴着前背脊骨将骨与皮割离。再继续翻剥到腿部，将两腿向背部轻轻扳开，用刀割断大腿根部的肌肉和筋腱，使腿骨脱离。再继续向下翻剥到肛门处，把尾椎骨割断（不可割破尾处皮），这时鸡的骨骼与皮肉已分离，随即将躯干骨连同内脏一同取出，将肛门处的直肠割断。

4）去后肢骨（后腿骨）。将后腿骨的皮肉翻开，使大腿关节外露，用刀绕割一周。割断筋腱后将大腿骨抽出，拉至膝关节处时，用刀沿关节割下。再在鸡爪处横割一个刀口，将皮肉向上翻，把小腿骨抽出斩断。

5）翻转鸡肉。用水将鸡冲洗干净，要洗净肛门处的粪便，然后将手从颈部刀口伸入鸡胸膛，直至尾部，抓住尾部的皮肉将鸡翻转，使鸡皮朝外，鸡肉朝里，在形态上仍是一只完整的鸡。在鸡腹中加入馅心之前，一般先将鸡入沸水锅焯水，然后洗净，控去水后，方可进行下一步加工。

6）整鸡脱骨有较强的技术性，脱骨后的鸡应皮面完整，刀口正常，不破不漏。过嫩、过肥、过瘦的鸡均不利于整料脱骨。

整鸭、整鸽的脱骨方法与整鸡脱骨方法基本相同。

技能训练2　整鱼脱骨

整鱼脱骨即在不破坏整鱼外形的前提下，用专用刀从鱼的鳃部或某刀口处插入鱼体内进行割划，使鱼体内的主要骨骼与肌肉分离，并取出主要骨骼及内脏的加工方法。适合整鱼脱骨的鱼有鲈鱼、鳜鱼、鲤鱼、黄鱼等，鱼的重量以600～750克为宜。

整鱼脱骨的方法主要有脊背部脱骨、颈部脱骨两种。

（1）整鱼脊背部脱骨　将鱼平放在砧板上，鱼头朝外，腹向左，脊背向右，左手按住鱼腹，右手持刀将刀的前刃紧贴背脊骨的上部横批进去，从鱼头后端直到背鳍尾端切开一长口，将刀刃紧贴鱼脊骨向腹腔处切入，直至将鱼的胸肋骨与脊椎骨相连处切断为止，使鱼身一侧的脊椎骨与鱼肉完全分离。然后将鱼翻面，使鱼头朝里，用刀在鱼尾骨紧贴着背脊骨上部横批进去，刀法同前，直至将鱼的胸肋骨与脊椎骨相连处切断为止，使全身另一面的脊椎骨也与鱼肉完全分离。接着在背部刀口处将脊椎骨拉出，在鱼头和鱼尾处将脊椎骨切断，取出，但头、尾仍与鱼身相连。

剔胸骨时，先将鱼腹皮朝下放在砧板上，从刀口处翻开鱼肉，在被割断的胸骨与脊椎骨相连处，胸骨根端已露出，将刀略斜，紧贴着一排胸骨的根端往下斜批进去，使胸骨脱离鱼肉。然后将鱼身肉合起，在外形上仍是一条完整的鱼。

（2）整鱼颈部脱骨 在鱼颈部的一面直切一刀，切断椎骨；在鱼的另一面肛门处也直切一刀，切断椎骨。用两面带刃、圆头带刃的长形脱骨刀由颈部刀口处插入，贴着鱼脊椎骨缓缓推行至肛门处，并上下、左右割划，使鱼肉与骨骼分离。然后将刀抽出，再从鱼肛门处的刀口进刀，用同样方法割划这一侧。然后将鱼椎骨、胸骨及内脏从颈部刀口处抽出即成。

还有一种方法是从鱼鳃一侧进刀，沿着鱼脊椎骨缓缓推行至肛门处，并上下、左右割划，使鱼肉与骨骼分离。再从鱼鳃的另一侧进刀，仍然沿着鱼脊椎骨缓缓推行至肛门处，并上下、左右割划，使鱼肉与骨骼分离，然后将脱骨刀柄向上抬起，用圆头刀刃戳断尾椎骨，抽出刀，鳃口处用剪刀剪断胸椎骨，抽出主要骨骼和内脏，用清水冲洗干净，即可进行下一步加工。

2.2 蓉泥原料切割加工

蓉泥类原料在烹饪中的使用范围很广，蓉跟泥是两类不同的原料，适用于不同档次的菜肴，既可独立成菜，也可将蓉与泥混合起来成菜，还可以作为某些花色菜肴的辅料和黏合剂使用。蓉泥的形成是对原料组织和风味进行优化和改良的产物。

2.2.1 蓉泥的制作要领

1. 蓉泥的概念与特点

关于蓉泥的定义，目前有两种解释：一种是以刀刃斩剁而成的细小颗粒为蓉，用刀面压成的细小颗粒为泥；一种是以荤料制成的细小颗粒为蓉，以素料制成的细小颗粒为泥。烹调工艺学中认为，蓉泥是将部分动、植物性原料经粉碎性加工，形成细小颗粒后，加入水、蛋液、盐等调辅料并搅拌上劲而成的黏性胶状物料。蓉泥的特点如下。

1）黏性大，可塑性强，易于菜肴的造型。

2）既能单独成菜，也能混合成菜，还能作为其他菜肴定型的辅料和黏合剂，丰富了菜肴品种。

3）可用不同颜色的植物性原料加工成泥，以丰富蓉泥类菜肴的颜色。

4）易于成熟，缩短了烹调的时间。

5）便于咀嚼，利于消化，适合各年龄层人群食用。

2. 蓉泥的种类与制作的技术要求

（1）蓉泥的种类 依据类别不同，有多种分类方法。

1）按原料的种类分，有动物性蓉（鸡蓉、虾蓉、鱼蓉、猪肉蓉、牛肉蓉），植物性泥（豆腐泥、山药泥、蚕豆泥、南瓜泥）和混合性蓉泥（虾肉蚕豆蓉、猪肉山药蓉）。

2）按蓉泥的形态分，有粗蓉泥（虾蓉），细蓉泥（鱼蓉）。

3）按蓉泥的色彩分，有单色蓉泥（清汤鱼丸、土豆丸子），双色蓉泥（双色鱼丸、双色蔬菜丸），多色蓉泥（三色鱼丸、三色薯芋丸）。

4）按蓉泥的弹性分，有硬质蓉泥（虾蓉、猪肉蓉、牛肉蓉），软质蓉泥（鱼蓉、鸡蓉、虾蓉、墨鱼蓉、土豆泥、蚕豆泥、豆腐泥），嫩质蓉泥（鱼蓉、鸡蓉、虾蓉），汤糊蓉泥（鸡蓉、鱼蓉、南瓜泥）等。

就某一具体蓉泥而言，在实际应用中，有时容易将其划归于某一分类，有时也难以划归于某一分类，但各种蓉泥既可以独立存在和使用，也可以互为重叠和混合使用。

（2）蓉泥制作的技术要求

1）制作蓉泥的原料宜选用新鲜、质地细嫩的动、植物性原料。

2）蓉泥加工的粗细程度应根据具体的菜肴品种而定。

3）蓉泥的软硬程度要根据季节变化、原料品质特点、成品质量要求灵活掌握。

4）蓉泥的调制、搅拌、用盐量要适度，一定要上劲。

5）蓉泥调制要掌握好葱姜酒汁（水）、蛋液等液体调辅料的用量，并应分次添加，控制好蓉泥的黏稠度。

6）某些蓉泥还需要添加适量的猪肥膘蓉、干淀粉、水淀粉或面粉等，以增强滋润度和稳定性。

2.2.2 蓉泥制作的工艺流程

蓉泥的品种虽然很多，但加工的基本流程是一致的，主要包括选料与修料、破碎、调味、搅拌上劲四个方面。

1. 选料与修料

制作蓉泥的选料要求较高，选择的原料应是无皮、无骨、无筋络、无瘀血伤斑的净料，原料质地细嫩、吸水能力强，要达到这一目的，必须对原料进行选择和修料。如制作鱼蓉，一般选新鲜的鳜鱼、白鱼、青鱼等肉质细嫩的鱼类，加工时去皮、去鱼红、去骨刺，肉中夹有细刺的应先用刀背排剁，将筋络和细刺排到肉的底层，将上层净肉取出后放入清水中浸泡出血水，再反复换水浸泡，直至鱼肉洁白；虾蓉一般选用河虾仁，加工前去除虾线，冲洗干净，沥干水分后放在砧板上，先压成粗蓉，再剁成细蓉；鸡蓉胶的最佳选料是鸡里脊肉，其次是鸡脯肉，在剁蓉前要将鸡里脊肉或鸡脯肉中的筋络和脂肪剔除干净，用刀排松后放入清水中泡尽血污。

2. 破碎

将修料、浸泡后的原料加工成细小颗粒状的蓉泥是破碎加工的目的，其加工方法有手工破碎和机械破碎两种。

（1）手工破碎 手工破碎就是通过用刀排斩、剁、压等方法，使原料成为蓉泥，或使用木棍（或擀面杖）捶打成蓉泥，或使用捣臼擂成蓉泥，或使用擦子（擦床、擦钵）将某些蔬菜类原料擦成蓉泥。这类方法速度慢、效率低，但制好的蓉泥中不会残留筋络或骨刺，因为排斩过程中动物性原料中的筋络或骨刺会被排斩至蓉泥的底部并粘在砧板上，可在分层取料时刮去，确保了蓉泥的品质。实际操作时应根据具体菜品的要求和地区特色不同采用不同的手工破碎方法。如狮子头采用细切粗斩的方法；虾仁采用细压粗斩的方法；鱼肉采用先刀背排捶再刀口排斩的方法；福建、广东一带在制作鱼圆、肉圆时，采用铁（木）棒反复捶打的方法使肌肉破碎成蓉，制品弹性足、质地硬实。

需要注意的是，手工处理时一定要先将砧板清理干净，斩制时不可用力过猛，否则会污染蓉料，产生异味或带有砧板的屑末；也可选用塑料砧板或在砧板上垫上一张干净的猪肉皮，这样就可以避免污染现象的发生，但手工破碎不适合大批量生产加工。

（2）机械破碎 机械破碎就是使用绞肉机、粉碎机或破壁机等机械设备，通过高速旋转和绞切，将原料加工成蓉泥的一类方法。这类方法速度快、效率高，适用于大多数动、植物性原料的蓉泥加工，也适合大批量加工和生产，但蓉泥中有时会残留筋络和碎刺，而且机械运转速度较快，破碎时使肉中温度上升，使部分肌肉中肌球蛋白变性而影响可溶性蛋白的溶出量，会直接影响蓉泥的品质。

目前，餐饮行业中常采用手工破碎和机械破碎并用的方法加工蓉泥，正好取长补短。鱼肉可先用刀排斩，使筋络和骨刺与肌肉分层，将上层的净肉放入功率较小的粉碎机中绞成蓉泥；鸡肉、猪肉、牛肉可先切成小块，放入粉碎机中绞成粗蓉，再用刀排斩至细。

3. 调味

蓉泥的调味方法一般是粗蓉状的蓉泥加入细葱、姜末、料酒、胡椒粉等；细蓉状的蓉泥只能加葱姜酒汁以及胡椒粉等粉末状的调味品。盐是蓉泥最主要的调味品，也是蓉泥上劲的主要物质，对硬质蓉泥和汤糊蓉泥来说，盐可以与其他调味品一起加入，对嫩蓉泥和软蓉泥来说，应在掺入水后加入，加盐量除跟主料有关外，还与加水量成正比。蓉泥中需要添加的辅料如猪肥膘蓉、马蹄泥、水发粉丝末、蛋清（黄）等，应在加盐前投入，干淀粉、水淀粉、面粉等辅料可在蓉泥上劲后投入。

4. 搅拌上劲

加盐后的硬质蓉泥通过搅拌使蓉泥黏性增加，成品外形完整、有弹性。软质蓉泥、嫩质蓉泥先加水，加水后也要搅拌均匀，使之充分吸水，加盐以后再搅拌上劲，增加蓉泥的持水能力。但加水量（包括蛋清、蛋黄、葱姜酒水等）不能超过原料的吸水能力，否则很难搅拌上劲。一般鱼类的吸水率为100%～130%，畜肉的吸水率为50%～70%，禽肉的吸水率为70%～90%，虾肉的吸水率为5%～10%。上劲后的蓉泥如果需要添加蛋清、淀粉等辅料也要搅拌均匀，并保持蓉泥的黏性。搅拌上劲后的蓉泥应放置在2～8℃的冷藏柜中静置一两个小时，使可溶性蛋白充分溶出，进一步增加蓉泥的持水性能，但不能使蓉泥冻结，否则会破坏蓉泥的胶体体系，影响菜品制作和质量。

技能训练3　鸡蓉

制作鸡蓉的最佳部位是鸡里脊肉，其次是鸡脯肉，鸡腿肉一般不作为制蓉的原料。在斩蓉前要将鸡里脊肉或鸡脯肉中的筋膜和脂肪剔除干净，切成大小适合的片、条等形状，放在砧板上，用刀背排松，放入足量清水中浸泡，浸泡时可加入适量的葱段、姜片、黄酒去腥，待泡出血水后，换清水再泡，反复多次浸泡，漂至鸡肉洁白。

将鸡肉取出，滤去水，放入破壁机（或粉碎机）中，放入猪肥膘薄片，加入适量的姜葱酒汁或姜葱酒水、鸡蛋液（蛋清、蛋黄或全蛋液），盖上破壁机的盖子，开机打成细蓉，停机，从盖子上的加料孔放入盐、味精等调料调味，再放入适量的淀粉，再开机，打至鸡蓉上劲，粉碎、搅拌可在破壁机内一气呵成，取出鸡蓉即可进行后续加工。

技能训练4　鱼蓉

一般多选白鱼、鳜鱼、鲢鱼等肉质细嫩的鱼类。加工时要去皮、去刺、去鱼红、去筋膜，然后切成薄片，用刀背略排，放清水中漂至鱼肉洁白，取出，控去水，用粉碎机打成细蓉。也可将鱼肉切成大片，先漂去血水，然后放在砧板上，用刀背在鱼肉上排斩，将筋络和细刺排至鱼肉的底层并粘在砧板上，采用分层取料的方法，刮出上层的鱼肉，刮去底层的筋络和细刺，再用粉碎机打成细蓉。调制时将鱼蓉取出，放入搅拌机内，加适量的姜葱酒汁或姜葱酒水、猪肥膘蓉（或油）、鸡蛋液（蛋清或全蛋液）、黄酒、淀粉，用盐、味精等调料调味，开机搅拌上劲，即成。

技能训练5 虾蓉

虾蓉一般选用新鲜河虾仁或海虾仁，加工时先去除虾线，冲洗并沥干水分，平铺于干抹布上，再用另一条干抹布覆盖，挤压去水。将挤去水的虾仁放在砧板上，用刀压成较细的虾蓉，再略剁片刻，放入盆内。将猪肥膘洗净，剁成细蓉。将虾蓉、猪肥膘蓉同时放入大盆内，加适量的姜葱酒汁、鸡蛋液（蛋清或全蛋液）、淀粉，用盐、味精等调料调味，搅拌上劲，即成。

技能训练6 猪肉蓉

猪肉蓉分猪五花肉蓉和猪瘦肉蓉两种。

猪五花肉蓉的制作方法是：将去皮猪五花肉洗净，切成粗条，用绞肉机绞一两遍成肉蓉（肉蓉的粗细应根据所制菜肴的要求，选择绞肉机钢筛孔眼的大小），也可以先切后剁，制成肉蓉，然后将猪五花肉蓉放入大盆内，加适量姜米、葱花、鸡蛋液（蛋清或全蛋液）、清水、黄酒、水淀粉搅拌均匀，再用盐、虾子、鸡精等调料调味，最后搅拌上劲，即成。

猪瘦肉蓉的制作方法是：将猪瘦肉洗净，剔除筋膜，切成粗条或小块，用绞肉机绞两三遍成较细的肉蓉（绞肉机钢筛孔眼宜小不宜大，若瘦肉蓉颗粒过粗，成品质感较粗也较老），放盆内，加入适量的姜葱酒水、鸡蛋液（蛋清或全蛋液）、水淀粉、清水、酱油（根据需要添加）和少许白糖搅拌均匀后，再加盐、鸡精等调料调味，并搅拌上劲，即成。

技能训练7 牛肉蓉

牛肉蓉一般选用黄牛的上脑、里脊、腰窝、后腿等部位的瘦肉，剔除筋膜，切成小块，洗净，用绞肉机（上小孔钢筛）绞两三遍成牛肉细蓉，放盆内，加适量的鸡蛋液（蛋清或全蛋液）、花椒水、葱姜末、黄酒、胡椒粉、水淀粉、鸡精搅拌均匀，再加盐、少许白糖调味，最后搅拌上劲，即成。

牛肉蓉还可以采用擂溃机研磨擂打成肉蓉，也可以采用双木棍捶打的方法加工成肉蓉。

牛肉蓉在调制过程中，有时还需添加少量的食用小苏打或嫩肉粉，以增加牛肉蓉的持水性，使其质感变嫩且富有弹性。另外，在牛肉蓉中适当添加猪肥膘蓉（10%～15%）一起搅拌上劲，也可使成品质感变嫩。

技能训练 8 豆腐泥

将豆腐（老嫩均可）用刀压成泥，或用粉碎机打成泥，然后用双层纱布包起，扎紧收口部位，用绳吊起来控尽水（这个过程有点长，约需1小时），放盆内，即成。加工好的豆腐泥宜细不宜粗，搅拌时通常需要添加适量的鸡蛋液、姜葱末（根据需要投放）、面粉、淀粉、盐、鸡精等辅料和调料，使其具有一定的黏性和合适的口味，还可以添加适量的虾蓉、鱼蓉、猪肉蓉、鸡肉蓉等做配料，制作多种豆腐类菜肴，如干炸豆腐丸子、香煎豆腐饼、锅烧豆腐、豆腐饺子等。

技能训练 9 山药泥

将山药洗净，切去两端旧痕，上笼蒸烂，取出，放凉，刨去外皮，压成泥（也可以用粉碎机打成泥），放大盆内，就成了最基础的山药泥。山药泥在调制、搅拌过程中需要添加的调辅料，应根据所制菜肴的具体品种而定，可甜可咸。如制作蓝莓山药球，需要在山药泥内添加适量的牛奶或炼乳、绵白糖或蜂蜜，搅拌均匀后，用小勺做成球形，放盘内，浇上蓝莓酱即成；又如制作酥炸山药饼，需要在山药泥内添加适量的鸡蛋液、葱花或熟胡萝卜粒、盐等调辅料，放入适量干淀粉搅拌均匀，做成小饼，粘上干淀粉，裹上鸡蛋液，拍上面包糠，下热油锅内炸成金黄色，捞出沥油，装盘即成。

技能训练 10 土豆泥

制作土豆泥宜选用淀粉含量高的土豆品种，如红皮黄心土豆等。将土豆洗净，刨去皮，再洗净，切成小块，放笼内蒸烂，取出，晾凉，压成泥，装在大盆内，即成。土豆泥调制时，可根据所制菜肴的具体要求，添加其他配料（可荤可素），并进行相应的调味（可咸可甜）。如焗烤土豆泥，在土豆泥中加入适量的培根粒、牛奶、盐、炒香的洋葱末（洋葱酥）、黑胡椒末、黄油搅拌均匀，放在抹过油的烤盘内，放上奶酪碎、青红黄椒小丁，入烤箱，底火面火设定在220℃左右，烤约15分钟即成。

技能训练 11 蚕豆泥

将嫩蚕豆瓣洗净，沸水锅内焯熟，捞出，用冷水冲凉，控去水，放砧板上，用刀压成细泥，或用粉碎机打成细泥，即成。蚕豆泥可以单独成菜，如炒蚕豆泥，蟹黄豆泥羹；也可配搭其他原料成菜，如翡翠虾球，以蚕豆泥为主，加入适量的虾蓉、猪肥膘蓉、鸡蛋清、干淀粉、姜葱酒汁、盐等调辅料，搅拌上劲后，挤成直径约2.5厘米的球状（也可以做成饼状），下五成热油锅内养熟，捞出，升高油温至六成热复炸一下，捞出装盘，可以佐花椒盐或番茄酱食用。

技能训练12 南瓜泥

制作南瓜泥宜选用淀粉含量高的品种，如贝贝南瓜、红栗南瓜、贵族南瓜等。将南瓜洗净，切开，去瓤籽、外皮，切成小块，放在笼内蒸烂（也可用锡纸包裹起来，放入烤箱中烤至熟烂），取出，放凉后，压成细泥，或用粉碎机打成细泥，放大盆内，即可进行下一步加工。南瓜泥可制作多种菜肴，可咸可甜，如香炸南瓜球、扇贝南瓜羹、奶油南瓜冻等；也是制作“金汤”或“黄汤”的原料。

2.3 菜肴组配

根据菜肴质量和宴席档次的要求，把各种加工成形的原料加以适当的组合搭配，供烹调使用或直接供客食用的工艺过程，称为菜肴和筵席的组配。菜肴组配，餐饮业称配菜，包括单个菜肴组配和筵席菜肴组配，一般菜肴组配和花式菜肴组配，冷菜组配和热菜组配。单个菜肴组配是基础，筵席菜肴组配是提高，是菜肴组配工艺的集中体现。

菜肴组配在很大程度上决定了菜肴的质和量。所谓质，是指组成菜肴的各种原料总的营养成分和风味指标；所谓量，是指菜肴中各种原料的重量及其菜肴的总重量。一定的质量构成菜肴的规格，而不同的规格决定了它的销售价格和食用价值。一般来说，一份完整的菜肴由主料、配料和调辅料三个部分组成。

1）主料是菜肴的主要成分，其所占比重通常在60%～70%，占主导地位，起突出作用，能反映出该菜的主要营养与主体风味指标。

2）配料有些地方称辅料，在菜肴中为从属原料，指配合、辅佐、衬托和点缀主料的原料，所占比例通常在30%～40%，作用是补充或增强主料的色彩和风味。

3）调辅料即调味品和一些不属于主料、配料的原料，如天然色素、泡打粉、嫩肉粉、发酵粉等。调味品是用于烹调过程中调和食物口味的一类原料，在烹调中用量虽少，但作用却很大，其原因在于每一种调味品都含有区别于其他调味品的特殊成分。烹调过程中，原料之间的呈味成分相互作用，产生一系列反应，从而形成各种菜肴的特定口味。调味品在菜肴风味的形成上起着关键作用。

组配一份菜肴时，主料的品种、数量、质地、形状基本是固定不变的，而配料除了特定菜肴不变外，多数可根据季节、货源等因素进行适当改变。如滑炒里脊丝的配料，春季用韭芽、春笋，夏季用青椒、红椒，秋季用茭白、芹菜，冬季用韭黄、冬笋；再如扬州清炖狮子头的配料，春季配河蚌，夏季配鮰鱼，秋季配蟹粉，冬季配风鸡。

菜肴组配的方法有多种，一般菜肴最常用的组配方法是抓配，先抓主料，后抓配料，再抓辅料，一个菜的组配就完成了。花式菜肴的组配方法相对复杂一些，具有一定的工艺性，常用的方法有包、卷、扎、叠、夹、排、酿、穿、扣、捶、塑、串等，此外还有挤、藏、缠、托、翻、滚粘、裱绘等。掌握并灵活运用这些方法，既可以组配出传统菜肴，也可以组配出创新菜肴。

2.3.1 包、卷、扎、叠、夹、排、滚粘的概念与手法

1. 包

包是指用较薄的具有柔软性或韧性的可食用原料作外皮，将加工成丁、粒、末、条、丝、片、小块、蓉泥类的主料，如鸡、鸭、鱼、虾、肉等包裹起来，成为菜肴生坯的一种组配方法。可作为外皮使用的可食用原料一般有猪网油、豆腐皮、百叶、寿司海苔、鸡蛋皮、糯米纸、春卷皮、馄饨皮、鸡蛋皮以及腌渍或焯水后的白菜叶、圆白菜叶、青菜叶、生菜叶等，代表菜有葫芦虾蟹、百叶卷肉、三鲜蛋饺、蛋烧卖、酸辣圆白菜卷等。也常用荷叶、蕉叶、粽叶、锡纸、桑皮纸等包裹原料制作菜肴，如荷叶粉蒸肉、莲荷童鸡、蕉叶烤三文鱼、纸包蒜香骨、梧州纸包鸡、纸包石榴鸡等。包制成型的生坯呈现多种形状，如方包、长方包、圆包、半圆包、三角包、象形包等。包制好的生坯多采用蒸、炸、烤、煎、焖等烹调方法制成菜肴。

2. 卷

卷是指用较薄的具有柔软性或韧性的可食用原料作外皮，将主料包卷起来，使生坯外形呈圆筒形的一种菜肴组配方法。卷使用的外皮与包的外皮基本相同，增加了批切得很薄的鱼片、肉片、鸡片等作为外皮，通常需要先进行上浆处理，然后再用于卷制，如三丝鱼卷、兰花肉卷、象牙鸡卷等。卷好的菜肴生坯按卷的形状不同，有长卷、短卷，粗卷、细卷，还有单边卷、如意卷等。卷的方法有单边卷、双边卷。单边卷是将馅料平铺在外皮上或外皮的一侧，再将外皮从一侧向另一侧卷起、卷紧，封口处有时还需要用蛋液或面糊进行粘连，以防烹调时散掉。如意卷属于双边卷，分别从外皮两侧向中间卷起。粗卷、长卷、如意卷等个头大的卷，在菜肴成熟后，通常需要改刀装盘，如腐皮肉卷、网油虾卷、如意蛋卷等；细卷、短卷类的菜肴成熟后一般不需要改刀，可直接装盘。卷好的菜肴生坯可以采用蒸、炸、滑熘、煎等多种烹调方法制成菜肴。

3. 扎

扎又称捆，就是将加工处理成条、段、片状的原料，排叠整齐并成束地捆扎起来，形成生坯或半成品的一种组配方法。捆扎的原料一般选用绿笋、扁尖笋、芹菜、蒜薹、韭菜薹、胡萝卜、贡菜、海带、蛋皮、葱叶等，先将它们加工成长丝、细线或细绳，有些还需要经过

焯水处理，有些需要腌渍，然后用于捆扎。捆扎好的生坯或半成品经烹调成菜后因外形似柴把，故菜名中常冠有“柴把”一词，如柴把鸡、柴把鸭、柴把鳜鱼、柴把蒲菜、柴把芦笋等。乡土菜中也有用洗净、煮过的麦秆、稻草、香茅草、细棉绳等用来捆扎原料烹制成菜的，如捆蹄、稻草扎肉等。

4. 叠

叠又称贴，是将片状的主配原料呈两层、三层或多层，叠合粘结成扁平块状生坯的一种组配方法。基本的组配方法是：底层为一种片状原料，如面包片、南瓜片、熟肥膘片等；中间为主料，形状可以是片，也可以是丝、条、蓉泥等；上面覆盖另一种片状原料，如蛋皮、菜叶、豆腐皮等。片的厚薄可稍有侧重，要突出主料，故主料的片可以稍厚一些，配料或辅料的片可以稍薄一些。叠合好的扁平块状生坯以长方形、正方形、圆形为主，也有一些其他形状，如葫芦形、心形等。为了增加原料之间的黏结度，常用蛋浆、蛋糊、鱼蓉、虾蓉等作为黏结剂，以保证菜肴的造型稳定。叠制成形的生坯一般采用煎、贴、炸、蒸的烹法制熟。代表菜有锅贴鳝背、锅贴干贝、面包虾、锅贴三色叠鳜鱼等。

5. 夹

夹是将一种原料嵌入另一种原料的夹刀片中形成生坯。嵌入的原料可以是片，也可以是黏稠度较厚的蓉泥，动物性蓉胶为主，也有少量的是植物性原料制成的泥。用于切夹刀片的原料一般以植物性块茎类原料为主，多为双片夹刀，也可以是多片夹刀。将枣泥嵌入苹果的夹刀片中就形成苹果夹；将火腿片嵌入冬瓜的夹刀片中就形成火腿冬瓜夹；将猪肉泥嵌入莲藕的夹刀片中就形成藕夹；将虾蓉嵌入秋葵夹中就形成虾蓉秋葵夹，还有茄子夹、冬笋夹、西葫芦夹等。生坯一般采用煎、炸、蒸、熘的烹调方法制熟成菜。代表菜有夹沙苹果、夹沙香蕉、酥炸藕夹、熘茄夹、清蒸火腿冬瓜夹等。

6. 排

排是将具有相同形状的同一种原料或不同原料，按一定的顺序和造型要求在盘内排列，形成整齐美观的造型。如火腿冬瓜排，是将净冬瓜切成长方形的厚片，将熟火腿肉切成与冬瓜长宽一致的薄片，然后一片冬瓜、一片火腿地间隔排列在平盘内，上笼蒸熟。将原汤滗出下锅，再添加适量鸡汤，用盐等调味品调味，勾琉璃芡，淋熟鸡油，均匀地浇在菜上即成。采用排的方法的菜还有清蒸麒麟鳜鱼、荆沙鱼糕、金华玉树鸡、扇面菜心、虎皮扣肉等。烹调上多用蒸、扒、烩等方法制熟成菜。

7. 滚粘

滚粘是用滚动或拍粉的方法，使较为碎小的原料与主料粘连，形成以球状、卷状、条状和扁平状为主的菜肴生坯。还有一种是原料成熟后，在其表面糊上一层具有黏性的酱料，如甜面酱、沙拉酱、巧克力酱等，再滚粘上成熟的碎小的原料，成为直接可食的菜肴。其中，滚粘的碎小的原料可以是丝状、颗粒状、小丁状、粉状等，可以是生的，也可以是熟的。常用的有熟干贝丝、熟蛋皮丝、笋丝、油菜叶丝、油炸土豆松、油炸紫薯松、油炸胡萝卜松、烘焙过的秋葵碎末、面包糠、白芝麻、黑芝麻、面包小丁、椰丝、抹茶粉等。代表菜有绣球干贝、绣球虾丸、芝麻鱼条、菠萝虾球、秋葵牛肉块、抹茶卷筒鱼等。

2.3.2 酿、穿、扣、捶、塑、串、藏的概念与手法

1. 酿

酿又称镶，是将某种馅心或蓉泥状的原料填入另一种挖空了的原料中，或粘连在另一种原料的表面，形成不同的造型。馅心可以是荤料馅、蔬菜馅，也可以是荤素馅；可以是咸味馅，也可以是甜味馅。蓉泥状的原料有很多种，常见的有虾蓉、鱼蓉、鸡蓉、肉蓉、豆腐泥、蚕豆泥、山药泥、芋头泥等。代表菜有酿青椒、蟹酿橙、镜箱豆腐、八宝酿辽参、八宝酿梨、虾蓉酿苦瓜、鱼蓉酿蛋、酿冬菇、八宝酿小南瓜等。酿用于热菜造型，宜蒸，也可采用煎、炸、烧、扒、烤的方法制熟。

2. 穿

穿是将一种粗细长短较为合适的固体柱状原料插入另一种因出骨产生空隙的原料中形成生坯，并保持生坯外形的相对完整，行业中戏称这种方法为“偷梁换柱”。穿制好的生坯宜蒸、煮、炸、烧、卤等。如玉骨凤翅一菜，是将煮（或蒸）熟的鸡翅中段，切去两端，抽去骨，然后插入粗细长短较为合适的熟笋条，排入扣碗中，加鸡汤及调料，上笼蒸透，取出，将原汤滗入锅中，调好味，勾薄芡，将玉骨鸡翅扣入盘中，用焯熟的西蓝花围边，浇上卤汁即成。类似菜还有象牙排骨、金笋鳝段等。

3. 扣

扣是将经过适当加工的整形原料或小型原料按一定的排列规则，整齐地放入扣碗（盆）内，使其具有某种图案形式，并呈饱满的馒头形，即成生坯或半成品，然后用蒸、扒的烹调方法加工成熟。成菜整齐一致、形态饱满。常见菜有五香扒鸡、京葱扒鸭、虎皮扣肉、红酥鸡腿、扣三丝、八宝饭、蜜枣扒山药等。

4. 捶

捶又称敲，通常是把腌制过的（有些还要切成大小合适的丁或小方块等形状）鸡脯肉、鳜鱼肉、大虾仁、鲜贝、牛里脊肉等原料放在砧板上，粘上足量的干淀粉，用擀面杖捶成片状，再进行下一步的加工，可以直接成菜，如清汤捶虾、牡丹鲜贝等；也可用来作外皮，包裹其他原料做成的馅心，再制成菜肴，如鱼皮锅贴、芦笋虾卷等；大虾仁、鳜鱼肉捶成片后，还可以切成丝，制成五彩虾丝、浓汤鱼线等。捶制加工好的菜肴生坯比较适合汆汤、滑炒、白烩、锅贴、煎等烹调方法。

5. 塑

塑是用特定形状的硅胶模具、金属模具或部分原料的外壳，将蓉泥类原料或加热后能形成固体的液体原料（如蛋液），填灌入模，加热凝固后形成不同的造型。如用空蛋壳做模，去除蛋黄，留蛋清调味后倒入蛋壳，上笼蒸熟后去壳，即成无黄蛋；用制作蛋挞的金属模具，内抹精炼油，填入搅拌好的虾蓉，小火蒸熟，反扣于盘内，脱去模，即成带有花边的虾糕；在葫芦模具中填入搅拌好的鱼蓉，放入温油锅或热水锅中养熟后，脱模即成葫芦鱼。单独使用硬质蓉泥或配搭其他原料，使菜肴成熟后具有某种立体的造型，也属于塑的范围，如掌上明珠、龙凤腿等。另外，还有一类特殊的原料，如鱼胶粉、吉利丁片、琼脂等，按所需比例放入水中或清汤中加热，使其溶化，可以调味、调色，或添加其他熟制的小型原料，然后将其倒入具有一定形状的模具内，冷却（可以放入冰箱降温），形成明胶冻后，脱模，装盘，模具什么形状，明胶冻就是什么形状，也属于塑的范围，一般多用于冷菜或甜品的制作。

6. 串

串是用竹扦、铁扦、钢扦、银扦等工具，将各种片状、丁状或小块状的原料穿成一串一串形成的生坯。用于制串的原料中，动物性原料多数需要提前腌制，少数无须腌制，有些则需要上浆或挂糊；植物性原料大多无须腌制，直接穿成串。成串后的生坯，可以是单一原料，也可以搭配少量增色起香的原料，如青红黄椒、洋葱、蒜瓣等，烹调方法一般以烧烤、油炸、铁板油煎为主。油炸或铁板油煎的串可使用竹扦，烧烤的串宜用铁扦、钢扦。代表菜有烤羊肉串、串烤鱿鱼、串烤大虾、串烤鸡翅、串烤鸭心、串炸鳗鱼、铁板鸡肉串等。烤好、炸好、煎好后的串通常还需要二次调味，如刷油、刷酱，撒孜然粉、辣椒粉、胡椒粉、五香粉、熟芝麻等。

7. 藏

藏是将已经加工处理好的生料或熟料作为馅心，藏入另一种加工处理好的可以作为容器的原料中，加以遮盖或密封形成菜肴生坯。此法常选用整料脱骨后的鸡、鸭、鸽、鱼，挖去瓤籽的蔬果瓜茄，以及经过加工可以作为容器使用的其他原料。内藏的原料一般需要提前加工好，如八宝馅、鱼翅馅、海参馅、三鲜肉馅、虾蓉馅等。代表菜有鸡包鱼翅、荷包鲫鱼、三鲜脱骨鱼、羊方藏鱼、鸭包海参、口袋豆腐等。

技能训练 13　蛋烧卖

菜肴类型：热菜。

1. 烹法

蒸。

2. 质量要求

形似烧卖，色泽金黄，质嫩味鲜。

3. 原料

（1）主料　鸡蛋4个，虾仁350克。

（2）配料　猪肥膘蓉60克，小油菜心12棵，熟冬笋30克，香菜叶10克，熟火腿末10克。

（3）调料　盐5克，味精2克，鸡汤300克，姜汁2克，香葱末5克，黄酒8克，干淀粉15克，水淀粉15克，熟猪油35克。

4. 制法

1）鸡蛋磕入碗中，加少许盐，搅打均匀。取炒锅在小火上烧热，放入一点熟猪油，并用净布轻轻擦一遍，使炒锅内均匀分布少量的油，倒一汤匙调好的蛋汁于炒锅内，小火，将炒锅转动，摊成圆形蛋皮。共摊12张。

2）小油菜心用刀修切整齐，洗净，待用；熟冬笋切成小粒，待用。

3）将洗净的虾仁沥干水分，先压成粗蓉，再略剁细，放入大碗中，加入猪肥膘蓉、熟冬笋粒、黄酒、姜汁、香葱末、盐、味精、干淀粉搅拌上劲成虾蓉馅心（重量约450克），分成25克一份，共12份，余下150克。

4）将12张鸡蛋皮放在砧板上排好（烙过的一面朝上），每张蛋皮中央放上一份虾蓉馅心，用双手将蛋皮四周朝上拢起，制成烧卖状，将余下的150克虾蓉馅心挤成虾丸，镶嵌在蛋烧卖顶端，以粘住收口处，用手指蘸少许鸡蛋清将虾丸表面抹光，然后粘上一片香菜叶、少许熟火腿末，即成生坯，放在抹过少许油的盘内。

5）蒸锅上火，放入水，放上蒸笼，上汽后，将蛋烧卖生坯放入蒸笼内蒸8分钟左右至熟，取出，重新装盘。

6）炒锅上火，放少许油，下小油菜心，放入鸡汤，加盐、味精调味，用水淀粉勾芡，离火，将菜心放入盘中围在蛋烧卖的两侧，将锅中的芡汁均匀地浇在蛋烧卖上即成。

5. 制作关键

1）烙蛋皮要掌握火候，宜用小火，炒锅要抹油。

2）蛋皮要烙得大小一致，厚薄均匀。若蛋皮烙得太厚，难包，不易成型。

3）装蛋烧卖生坯的盘子要抹油，然后再蒸，防止粘底。

技能训练14　烤花揽鳜鱼

菜肴类型：热菜。

1. 烹法

烤。

2. 质量要求

此菜虽是烤，但并非用火直接对原料炙烤，而是在鱼的外面包上面皮再烤，故烤熟的鳜鱼似蒸熟的色泽，保持了鳜鱼的本味。食用时打开鱼腹，香气扑鼻，鱼肉细嫩，鲜味醇厚。

3. 原料

（1）主料　鳜鱼1条（约1000克）。

（2）配料　水调面团600克，猪网油150克，鸡里脊肉100克，猪肥膘蓉25克，猪五花肉50克，水发香菇10克，水发干贝15克，水发海参15克，熟冬笋10克，火腿片5克，蛋清1个。

（3）调料　葱姜末5克，葱姜汁10克，盐6克，黄酒15克，花椒10克，蘸料味碟1个。

4. 制法

1）鳜鱼剪去脊刺和腹刺，去净鱼鳞，从口中绞出鱼鳃和内脏，洗净后用开水稍烫，轻轻刮去皮上黑膜，在鱼身两侧打上坡刀，入盘，用葱姜汁、黄酒、盐腌渍。

2）将鸡里脊肉剁成细蓉，掺入猪肥膘蓉、盐、黄酒、葱姜汁、蛋清搅拌均匀，制成鸡蓉。

3）将猪五花肉剁碎，水发香菇、熟冬笋、水发海参切成黄豆大的丁，水发干贝搓碎入碗，加葱姜末、盐、黄酒搅拌均匀成馅心。

4）将馅心从鱼鳃填入肚内，坡刀肉处抹上鸡蓉，夹入火腿片，用猪网油包裹好。

5）烤箱面火、底火温度设定在220℃，先预热。

6）将水调面团擀成皮，撒上花椒擀平，放上鳜鱼，包好成鱼形，用专用模具刻上鱼眼、鱼鳃盖、鱼鳞、鱼鳍，摆在刷过油的烤盘内，进烤箱烤约50分钟，取出，装盘，稍作点缀，配蘸料味碟上桌即成。服务员负责用餐刀割去面皮并打开，再分开猪网油即可供客人品尝。

5. 制作关键

1）宜选用鲜活的鳜鱼制作。

2）初加工时要先剪去鱼身上的尖刺。

3）鱼用开水稍烫即可，烫过头，鱼易破皮。

4）馅心填到七八成满即可。

技能训练15　象牙里脊

菜肴类型：热菜。

1. 烹法

滑熘。

2. 质量要求

里脊片0.2厘米×1.5厘米×５厘米，笋条0.5厘米×0.5厘米×4厘米，卷裹紧密，不松散，质柔嫩，色浅红，味酸甜。

3. 原料

（1）主料　猪里脊肉200克。

（2）配料　熟冬笋200克，蛋清1个。

（3）调料　姜葱末5克，蒜泥5克，绍酒15克，酱油15克，白糖30克，盐0.5克，香醋25克，干淀粉15克，水淀粉15克，芝麻油10克，精炼油500克（约耗50克）。

4. 制法

1）将猪里脊肉洗净，去筋膜，用刀批切成0.2厘米×1.5厘米×5厘米的长方片，放碗内，用盐、蛋清、干淀粉上浆抓匀。

2）将熟冬笋切成0.5厘米×0.5厘米×4厘米的笋条，笋条中部抹少许干淀粉，将里脊片卷在笋条上，放在抹过油的盘内，制成象牙里脊生坯。

3）炒锅上火烧热，舀入精炼油加热至四成热（约120℃），下象牙里脊生坯滑油至变色，倒入漏勺沥油。炒锅内留少许油，下姜葱末、蒜泥煸香，加适量清水、绍酒、酱油、白糖，用水淀粉勾芡，倒入象牙里脊，淋入香醋、芝麻油，翻炒均匀后装盘。

5. 制作关键

1）里脊片要批切得薄一些，上浆要厚些，里脊片卷在笋条上要紧些，以免滑油时散开。

2）象牙里脊滑油时，油温要低，时间要稍长些，以免不熟。

6. 菜肴变化

象牙鸡卷、芦笋里脊卷、金笋鳜鱼卷等。

技能训练16　炸梅卷

菜肴类型：热菜。

1. 烹法

干炸。

2. 质量要求

梅卷粗细均匀，色泽金黄，外松脆里鲜嫩，口味香咸，装盘整齐。

3. 原料

（1）主料　猪梅条肉250克。

（2）配料　鸡蛋2个，豆腐皮2张。

（3）调料　姜丝2克，葱丝5克，盐1克，味精0.5克，酱油10克，白糖2克，绍酒15克，干淀粉50克，花椒盐0.5克，精炼油500克（约耗60克）。

4. 制法

1）将猪梅条肉去筋膜，切成细丝，放入碗内，加姜丝、葱丝、绍酒、盐、味精、酱油、鸡蛋1个、干淀粉20克，抓拌均匀，成馅。

2）将鸡蛋1个磕入碗内，打散，放干淀粉30克调成蛋糊。

3）豆腐皮切成20厘米×13厘米的片，在片的长边顺长放上肉丝馅，卷成卷，封口处用蛋糊粘牢，制成梅卷生坯。

4）炒锅上火，舀入精炼油烧至六成热（约180℃），下梅卷生坯炸至淡黄色时，离火养熟，捞出。油锅复上火，将油温升至七成热（约210℃），下梅卷复炸至金黄色，倒入漏勺沥油，趁热斜切成块，整齐装盘，撒上花椒盐即成。

5. 制作关键

1）卷梅卷时粗细要均匀，要卷紧，封口处要用蛋糊粘牢。

2）梅卷下锅初炸时，油温要略低些，用油养制时间要略长些，以免外皮已经上色而馅心不熟。

6. 菜肴变化

腐皮虾卷、腐皮烤鸭卷、腐皮鳜鱼卷等。

技能训练17 柴把鸭子

菜肴类型：热菜。

1. 烹法

煮、蒸。

2. 质量要求

色彩雅丽、鸭肉肥美、咸鲜味香。

3. 原料

（1）主料 光鸭1只（约1500克）。

（2）配料 冬笋300克，水发香菇100克，熟火腿100克，菜薹100克。

（3）调料 姜片30克，葱段25克，酱油10克，白糖10克，黄酒30克，盐8克，鸡油15克，水淀粉10克。

4. 制法

1）将光鸭从脊背部开膛，掏去内脏，洗净，放入沸水锅内焯水，捞出，洗净，放入盆内，加姜片20克、葱段15克、黄酒20克、盐5克，上笼或蒸箱，蒸至七成熟，端出盆，滗出汤。

2）待鸭子晾凉后，放砧板上，用刀先取下完整的鸭脯，然后卸下鸭腿，剔去腿骨，尽量保持鸭肉与鸭皮的完整。再将鸭脯肉、鸭腿肉分别切成5厘米长、1厘米宽的条，待用。

3）将冬笋、水发香菇、熟火腿分别切成5厘米长、0.6厘米宽的条，放入沸水锅内烫一下，捞出，用清水过凉。将菜薹放入沸水锅内焯水后捞出，用清水过凉，细的顺长一剖为二，粗的顺长一剖为四，使其粗细均匀，做绳用。

4）取一根菜薹"绳"，放砧板上，放上一根鸭肉条（皮朝下），再放上冬笋条、香菇条、熟火腿条各一根，两端对齐，捆扎成柴把状。如此全部做好。

5）将捆扎好的柴把鸭，鸭皮朝下码在一个扣盆内，放上余下的姜片、葱段，加入澄清后的鸭汤、鸡油、酱油、白糖、黄酒10克、盐3克，上笼蒸20分钟，取出，滗出汤，将柴把鸭扣入大盘内。

6）炒锅上火，倒入滗出的汤，用水淀粉勾薄芡，浇在柴把鸭上即成。

5. 制作关键

1）此为象形菜，要求刀工整齐划一，鸭肉条和配料的条长短一致。

2）菜薹焯水后要用冷水冲凉，加工好的"绳"要长短一致，粗细均匀。

3）勾芡浓度要适宜，做到明汁亮芡。

6. 菜肴变化

柴把鸡、柴把肉、柴把鳜鱼、柴把芦笋等。

技能训练 18　柴把鳜鱼

菜肴类型：热菜。

1. 烹法

滑炒。

2. 质量要求

刀工精细，清淡爽口，鱼肉鲜嫩，红白相间。

3. 原料

（1）主料　活鳜鱼1条（约1000克）。

（2）配料　熟火腿120克，水发香菇120克，冬笋120克，香葱150克，嫩姜80克，蛋清1个，小油菜心20棵，红樱桃2颗。

（3）调料　植物油1000克，盐4克，鸡粉10克，葱姜酒汁10克，料酒25克，干淀粉15克，芝麻油8克，蒜汁10克，水淀粉10克，清鸡汤100克。

4. 制法

1）将活鳜鱼宰杀，去鳞，去鳃，去内脏，去头去尾，取下两片鱼肉，去掉胸刺，铲去鱼皮，然后将鱼肉切成8厘米长，筷子粗细的丝，放在清水里浸泡至鱼肉洁白，捞出，冲洗一下，用干布吸去表面的水。将鱼丝放入大碗内，加盐、鸡粉，葱姜酒汁，抓拌均匀，放入打匀的蛋清，加入干淀粉，抓匀上浆，待上劲后，加少许植物油拌匀，可避免鱼丝过油时相互粘连。

2）香菇去蒂，洗净，用盐、鸡粉入味，切成丝；冬笋一切为二，焯水后，用盐、鸡粉、鸡汤浸泡入味，取出，切成细丝；嫩姜、熟火腿分别切成丝；香葱择洗干净，取葱叶，入沸水锅内烫一下，取出；小油菜心修成“宝剑形”，洗净，沸水锅内加少许油，焯水后待用。

3）取一根葱叶放在砧板上，横放上2根鱼丝，鱼丝呈U形（将8厘米长的鱼丝对折摆放），再整齐摆放上冬笋丝、香菇丝、火腿丝、姜丝各两三根，用葱叶捆扎起来呈柴把形，如此可做约24个柴把鱼丝生坯。

4）炒锅上火烧热，用油滑锅，倒出油，再放入适量冷油，烧至三成热（90～100℃），将柴把鱼丝生坯放在抹过油的漏勺上，再放入油锅中，徐徐加热，待鱼丝色泽洁白成熟时，出锅沥油，分3排，装在大盘内。

5）炒锅上火，放少量油，下小油菜心、少许清鸡汤，加盐、鸡粉调味，颠炒几下，出锅，装在大碗内，用筷子夹入装有柴把鱼丝的大盘内，围在柴把鱼丝边上。

6）炒锅上火，加入清鸡汤、盐、鸡粉、料酒、蒜汁调味，用水淀粉勾琉璃芡，淋入芝麻油，起锅淋到柴把鱼丝上，用红樱桃点缀，即成。

5. 制作关键

1）宜选用野生活鳜鱼制作此菜，切的时候注意粗细均匀，长短一致。

2）鱼丝上浆时要上劲，否则易脱浆；浆好后要加适量的油，避免滑油时相互粘连。

3）掌握好油温，油温过高，柴把鱼丝易粘在漏勺上，影响造型。

技能训练19 锅贴凤尾虾

菜肴类型：热菜。

1. 烹法

锅贴。

2. 质量要求

色泽鲜艳、咸鲜味美。

3. 原料

（1）主料　大河虾12个，咸面包1个。

（2）配料　青菜叶12片，虾仁150克，鸡蛋2个，猪肥膘肉50克，蛋清1个。

（3）调料　盐3克，味精1克，黄酒15克，干淀粉80克，葱姜汁15克，精炼油800克（约耗60克）。

4. 制法

1）将大河虾去头，去躯干壳，留尾壳，成凤尾虾，洗净，剖开虾肉，用刀略排，上浆。

2）将虾仁、猪肥膘肉洗净，分别剁细成泥状，加蛋清、盐、味精、葱姜汁、黄酒、干淀粉30克搅拌上劲，做成虾蓉。

3）青菜叶用沸水烫熟，切成长方形。咸面包去皮，切成长方形薄片，放上凤尾虾，抹上虾蓉，盖上长方形的青菜叶，放入盘内。

4）将鸡蛋打入碗内，加干淀粉50克调成糊。

5）炒锅上火烧热，放入精炼油，待油温五成热（约150℃）时，将生坯裹上蛋糊，下锅煎至底面金黄，再加适量油，将其养熟，倒入漏勺沥油，再回锅略煎，装盘即成。

5. 制作关键

1）煎制时要掌握好火候和油温。

2）虾蓉宜稠不宜稀，否则难以成型。

6. 菜肴变化

锅贴鳜鱼、锅贴干贝、锅贴鳝背、锅贴鸽蛋、锅贴金钱鸡等。

技能训练20　锅贴鳝背

菜肴类型：热菜。

1. 烹法

锅贴。

2. 质量要求

鳝背黑亮、软嫩，虾蓉滋润鲜美，底部金黄香脆。

3. 原料

（1）主料　熟鳝鱼脊背肉300克，河虾仁250克，方块猪肥膘肉1块（约250克）。

（2）配料　鸡蛋2个，熟火腿末10克，香菜末10克。

（3）调料　葱段10克，姜片10克，黄酒10克，盐4克，胡椒粉1克，干淀粉40克，花椒1克，花椒盐1克，味精1克，精炼油200克（约耗30克），面粉30克。

4. 制法

1）将熟鳝鱼脊背肉洗净，放大碗内，倒入适量热水，加葱段、姜片、黄酒、花椒、盐浸泡15分钟，取出，控去水，用干布吸干表面的水分，加少许盐、味精、胡椒粉拌匀，备用。多余的葱段、姜片拍松，放少量水，抓捏成葱姜汁，待用。

2）将猪肥膘肉煮熟，捞出，用冷水浸凉，取出，切成6厘米×4厘米的长方块，再平批成片，放在砧板上，用刀尖在每一片熟肥膘片上均匀地戳上几个小刀口，以防止油煎时肥膘收缩变形。多余的熟肥膘剁成细蓉待用。

3）河虾仁洗净，吸干表面的水，先压成粗蓉，再剁成细蓉，放大碗内，加熟肥膘蓉、蛋清1个、葱姜汁、盐、干淀粉，搅拌至黏稠上劲后，静置20分钟。

4）将熟肥膘片粘上干淀粉，平铺在砧板上，分别抹上5~6毫米厚的虾蓉，抹平后，根据长短宽窄，将熟鳝鱼脊背肉切成相应的长短，皮面朝上，肉面朝下，排列在虾蓉上，盖住虾蓉，在侧面露出虾蓉处撒上少许熟火腿末、少许香菜末，用手指稍按一下，即成锅贴鳝背生坯。

5）在先前用剩下的蛋黄中再磕入一个鸡蛋，打匀，加入面粉，搅拌成稀面糊，待用。

6）炒锅上火烧热，用精炼油滑锅后，倒出部分油，留些底油，将锅贴鳝背底部沾上面糊，放入锅中，小火煎制。煎制时，要经常晃动炒锅，并可根据实际情况适当加些油，防止粘底。待煎熟、煎黄底部后即可出锅，用吸油纸吸去底部的余油，撒上少许花椒盐，装盘即成。

5. 制作关键

1）宜选用活的笔杆青鳝鱼，汆烫成熟，并划出鳝背。

2）猪肥膘肉要煮熟，但不要煮得太烂；批切成约片，宜薄不宜厚，1~2毫米为宜。

3）油煎时宜小火，以防焦底，要经常晃动炒锅，以防粘锅。

4）调制虾蓉时要控制用盐量，勿咸，后续可用花椒盐补味。

技能训练21　脆皮藕夹

菜肴类型：热菜。

1. 烹法

炸。

2. 质量要求

色泽金黄，质感爽脆，口味咸鲜。

3. 原料

（1）主料　嫩藕300克，肉馅150克。

（2）调料　姜5克，葱10克，鸡蛋1个，黄酒15克，盐5克，味精2克，白糖1克，干淀粉50克，面粉100克，泡打粉2克，花生油1000克（约耗50克）。

4. 制法

1）嫩藕去皮，洗净，切成夹刀片；姜去皮切成米，葱切末。

2）肉馅调入盐、味精、白糖、姜米、葱末、黄酒、干淀粉20克拌匀上劲，酿入藕片内。鸡蛋打散，加入干淀粉30克、面粉、泡打粉、适量清水调成蛋糊，再加少许油调匀。

3）炒锅上火烧热，放入花生油，待油温六成热（约180℃）时，将夹有肉馅的藕夹逐块挂上蛋糊，入油锅内，炸至香酥金黄，倒入漏勺沥油，装盘即成。

5. 制作关键

1）用钢丝球擦去藕皮，切成夹刀片后洗净，控尽水。

2）肉馅调制宜干不宜稀，要上劲，否则夹不住。

3）掌握好脆皮糊调制的比例，调制好的糊需要静置醒发15分钟。

6. 菜肴变化

脆皮茄夹、脆皮笋夹等。

技能训练 22　火夹鱼片

菜肴类型：热菜。

1. 烹法

滑熘。

2. 质量要求

外形完整，色彩素雅，质感细嫩，口味咸鲜。

3. 原料

（1）主料　新鲜草鱼背脊肉300克。

（2）配料　熟火腿40克，水发香菇40克，熟冬笋40克，青椒15克，葱白10克。

（3）调料　姜汁5克，黄酒10克，盐4克，味精1克，清鸡汤150克，蛋清2个，水淀粉35克，干淀粉15克，精炼油1000克（约耗40克）。

4. 制法

1）将熟火腿切成4厘米长、1.5厘米宽的薄片，越薄越好；将水发香菇、熟冬笋分别切成与火腿片一样大小的片。葱白切成“雀舌”葱。青椒切成片。

2）将蛋清打散，放入水淀粉调成蛋清厚浆。

3）将草鱼背脊肉顺长切成长约5厘米的段，再逐段顺着肌肉纤维纹批切成夹刀片（一刀不断一刀断，5厘米长、2厘米宽），放在大碗中，加少许黄酒、盐、姜汁、干淀粉，抓匀上劲，将鱼肉夹刀片打开，平铺在砧板上，在一侧鱼片上逐一放上熟冬笋片、水发香菇片、熟火腿片，合上另一侧鱼片，形成火夹鱼片生坯。

4）炒锅置火上，倒入精炼油，烧至约120℃，把鱼片生坯逐一裹上蛋清厚浆入锅，全部下锅后，用手勺沿锅边轻轻推动鱼片，当鱼片浮起后，倒入漏勺，沥去油。

5）炒锅内留底油，复置火上，投入葱白、青椒片、余下的香菇片、冬笋片，加清鸡汤、盐、黄酒、味精，炒几下，用水淀粉勾琉璃芡，倒入火夹鱼片，颠翻两下，淋入精炼油，装盘即成。

5. 制作关键

1）火腿蒸熟之前，应泡去大部分咸味，以防菜品过咸。

2）鱼肉的夹刀片要批得稍薄一些，便于成型；上浆一定要上劲；下锅滑油时，要掌握好油温，油温不宜过高或过低，不宜频繁用手勺下锅搅动。

3）成菜的卤汁不宜过多，勾芡不宜过厚。

技能训练23 麒麟鳜鱼

菜肴类型：热菜。

1. 烹法

蒸。

2. 质量要求

色彩鲜艳，排列整齐，质感滑嫩，口味咸鲜。

3. 原料

（1）主料 鲜活鳜鱼1条（约750克）。

（2）配料 熟上方火腿40克，水发冬菇75克，郊菜200克。

（3）调料 上汤150克，姜片15克，葱段15克，蛋清1个，黄酒15克，盐5克，味精2克，胡椒粉2克，干淀粉25克，熟猪油30克，精炼油10克。

4. 制法

1）将鳜鱼宰杀，去鳞，剖肚，去内脏，去鳃，洗净，沿颌部取下鱼头，劈开下颌，鱼头不要劈断；尾部以臀鳍为界斜刀切下，两面浅剞多十字花刀，在椎骨内侧批开2~3厘米，切断一节尾椎骨，以便鱼尾部能在盘内竖起。鱼身用刀沿脊骨剖开，去脊骨，去肚裆及刺，去皮，留下两片鱼肉。

2）将鱼头、尾部放入盘内，加姜片、葱段、黄酒、盐、味精腌渍15分钟，待用。

3）将鱼肉切成6厘米长的段，再批切成3厘米宽、0.5厘米厚的片，放碗内用清水漂清，捞出，用干布吸去水，放碗内，用盐、味精、黄酒、蛋清、干淀粉上浆。

4）将熟上方火腿切成薄片（片形比鱼片略小）、水发冬菇批切成片，用沸水烫过，挤去水。

5）取大鱼盘一个，盘底抹少许熟猪油，将鳜鱼片、火腿片、冬菇片依次重复排叠，分三行排成麒麟形，放上姜片、葱段，淋上熟猪油，与鳜鱼头尾一起上笼蒸熟，取出，将头尾移放在码好的麒麟鱼片盘中。

6）在蒸鱼的同时，将郊菜用沸水焯好，炒熟，整齐地码在盘边或中间的位置。

7）炒锅上火，倒入上汤，加盐、胡椒粉，用水淀粉勾琉璃芡，再淋入少许油，起锅均匀地浇在鱼上即成。

5. 制作关键

1）鳜鱼宜鲜活，鱼片大小厚薄要基本一致，上浆不宜过厚。

2）火腿片宜薄，厚了味咸、质老，因鳜鱼片蒸熟后会收缩，故火腿片、冬菇片要比鱼片略小一点。

3）要把握好蒸鱼的时间，以保证鱼肉鲜嫩的质感。

6. 菜肴变化

火腿冬瓜排、金华玉树鸡等。

技能训练24　金华玉树鸡

菜肴类型：热菜。

1. 烹法

煮、蒸。

2. 质量要求

色泽美观，排列整齐，鸡肉嫩，火腿香，口味咸鲜。

3. 原料

（1）主料　嫩母鸡1只（约1000克），熟火腿150克。

（2）配料　菜薹125克，水发冬菇100克。

（3）调料　葱段15克，姜片15克，黄酒20克，鸡汤300克，盐5克，味精5克，白糖5克，鸡油10克，胡椒粉2克，水淀粉10克，精炼油30克。

4. 制法

1）将熟火腿、水发冬菇分别切成6厘米长、1厘米宽的片。

2）将嫩母鸡剖腹，去内脏，洗净，入沸水锅中烫一下，取出，洗净，再放入汤锅中，加葱段、姜片、黄酒、盐、味精，煮沸后用小火浸熟，捞出，稍晾凉，放砧板上，用刀剁下鸡头、尾、翼（留用）。然后卸下鸡脯、鸡腿，将鸡架上的肉全部拆下，拆去鸡腿骨，将鸡脯肉、鸡腿肉切成6厘米长、1厘米宽的块，与火腿片、冬菇片间隔排叠在大盘内，铺成3排。铺好后，用大小合适的扣盘盖在上面，同时翻转大盘和扣盘，使排叠好的鸡肉移至扣盘内，放入从鸡架上拆下的肉，放上鸡头、尾、翼，上笼蒸约10分钟。

3）蒸的同时，炒锅上火，放入清水烧沸，放适量精炼油，下菜薹焯水至熟，倒出沥水，锅复上火，放油，下菜薹、盐、味精煸一下，出锅倒在盘中。

4）取出蒸好的鸡，取出鸡头、尾、翼，将扣盘扣在大盘内，拿掉扣盘，在鸡的相应位置装上鸡头、尾、翼，使其完整。两边放上炒好的菜薹。

5）炒锅上火，放底油，加黄酒、鸡汤、味精、盐、白糖、鸡油、胡椒粉，烧开后下水淀粉勾薄芡，浇在鸡身上即可。

5. 制作关键

1）宜选用肥嫩的母鸡制作此菜。

2）蒸的是熟鸡肉，时间不宜长，蒸制主要是为了使火腿、冬菇和鸡肉这三种原料之间的滋味互补。蒸制时可以加适量的鸡汤、鸡油，蒸好后要滗出汤水，用于浇汁。

3）为了方便食用，最好完全去骨。

技能训练25　菠萝虾球

菜肴类型：热菜。

1. 烹法

炸。

2. 质量要求

色泽金黄，外脆里嫩，味香鲜。

3. 原料

（1）主料　虾仁500克。

（2）配料　罐装菠萝50克，猪肥膘肉100克，蛋清1个，面包丁300克。

（3）调料　盐3克，味精1克，黄酒15克，干淀粉30克，葱姜汁15克，精炼油1000克（约耗60克）。

4. 制法

1）将罐装菠萝挤去糖水，切成小丁；将虾仁、猪肥膘肉洗净，吸去表面水分，分别剁细成蓉状，加蛋清、菠萝丁、盐、味精、葱姜汁、黄酒、蛋清、干淀粉搅拌上劲，做成虾蓉。

2）将虾蓉挤成大虾丸放入面包丁中，滚粘上面包丁，用手团紧，放入盘内。

3）炒锅上火烧热，放入精炼油，待油温五成热（约150℃）时，将虾球放入油锅内，炸至定型，降低油温，将虾球养熟取出，再升高油温至六成热（约180℃），将虾球放入油锅内复炸至金黄色，倒入漏勺沥油，装盘即成。

5. 制作关键

1）虾球油炸时，外面的面包丁易焦，要控制好油温，避免外焦内生。

2）虾蓉宜稠不宜稀，否则难以成型。

技能训练26 芝麻鱼条

菜肴类型：热菜。

1. 烹法

炸。

2. 质量要求

鱼条约为1厘米×1厘米×5厘米，芝麻粘裹均匀，色泽浅黄，外酥里嫩，口味咸鲜。

3. 原料

（1）主料 草鱼肉250克。

（2）配料 去皮白芝麻100克，鸡蛋1个。

（3）调料 葱白5克，姜片2克，绍酒10克，白胡椒粉1克，盐1.5克，味精1克，干淀粉40克，精炼油500克（约耗50克）。

4. 制法

1）将草鱼肉去皮，洗净，切成1厘米×1厘米×5厘米的条，放大碗内，用葱白、姜片、绍酒、白胡椒粉、盐、味精腌入味，取出，放在干布上吸去水，再放大碗内，加打散的蛋液、干淀粉拌匀。

2）将上了厚浆的鱼条放在白芝麻上，粘上芝麻后按实。

3）炒锅上火，舀入精炼油加热至六成热（约180℃），下鱼条炸至淡黄色时捞起，待油温再升至八成热（约240℃）时，下鱼条复炸至金黄色，倒入漏勺沥油。

4）将炸好的芝麻鱼条趁热码在盘内，稍加点缀即成。

5. 制作关键

1）鱼条含水量较大，腌渍后要用干布吸去水，并且上厚浆。

2）鱼条粘上芝麻后要按实。

3）初炸的油温不宜过高，先炸熟鱼条；复炸的油温要略高，要炸脆外皮。

4）此菜可带番茄沙司、花椒盐或其他调味碟佐食。

6. 菜肴变化

芝麻鸡条、芝麻香蕉、芝麻凤尾虾、芝麻豆腐等。

技能训练27 酿青椒

菜肴类型：热菜。

1. 烹法

烧。

2. 质量要求

质感酥烂，芡汁红亮，口味咸鲜略甜。

3. 原料

（1）主料 青椒10个，猪瘦肉泥250克，鸡蛋1个。

（2）调料 姜末3克，葱花5克，绍酒20克，盐1.5克，味精1克，酱油25克，白糖10克，干淀粉15克，水淀粉35克，芝麻油20克，清汤200克，精炼油750克（约耗50克）。

4. 制法

1）将猪瘦肉泥放碗内，磕入鸡蛋，加姜末、葱花、绍酒、盐、味精0.5克、酱油10克、白糖5克、水淀粉15克搅拌上劲成肉馅。

2）青椒洗净，择去蒂，剔去籽，放砧板上，用刀将青椒顶端切去少许，青椒内抹干淀粉，将肉馅酿入青椒中，按实，抹光，制成酿青椒生坯。

3）炒锅上火烧热，舀入精炼油烧至四成热（约120℃），下酿青椒焐油至肉馅成熟，倒入漏勺沥油。

4）原锅复上火，舀入清汤，加酱油15克、白糖5克、味精0.5克，下酿青椒烧沸约5分钟，用水淀粉20克勾芡，淋入芝麻油，颠锅炒匀，装盘即成。

5. 制作关键

1）宜选用大小一致的青椒制作此菜，显得比较整齐。

2）酿肉馅要填满按实。

3）酿青椒焐油，油温要低一些，要焐熟；烧的时间不宜长，以免青椒变黄。

6. 菜肴变化

酿茄子、酿丝瓜、镜箱豆腐、酿香菇等。

技能训练28 镜箱豆腐

菜肴类型：热菜。

1. 烹法

茄汁烧。

2. 质量要求

形状完整，排列整齐，色呈橘红，鲜嫩味醇。

3. 原料

（1）主料　小箱豆腐1块（约500克）。

（2）配料　猪肉末250克，新鲜沙虾12只，水发香菇20克，青豆5克。

（3）调料　绍酒50克，盐4克，酱油20克，白糖25克，番茄酱 25克，味精1.5克，葱末15克，水淀粉25克，猪肉汤150克，熟猪油15克，芝麻油10克，大豆油1000 克（约耗100克）。

4. 制法

1）将猪肉末放入碗内，加绍酒25克、盐1.5克拌成肉馅。将小箱豆腐对切成4块后，每块再均匀地切成3小块长方形（每块约长4.5厘米、宽3厘米、厚3厘米），共12块，排放在漏勺中，沥去水。沙虾剥出虾仁。

2）把锅置旺火上烧热，舀入大豆油，烧至八成热时，将漏勺内豆腐滑入，炸至豆腐外表起软壳、呈金黄色时，用漏勺捞出沥去油。用汤匙柄在每块豆腐中间挖去一部分嫩豆腐（底不能挖穿，四边不能破），然后填满肉馅，再在肉馅上横嵌一只虾仁，做成镜箱豆腐生坯。

3）将锅置旺火上烧热，舀入大豆油25克，放入葱末炸香后，再放入水发香菇、青豆，锅端离火口，将镜箱豆腐生坯（虾仁朝下）整齐排入锅中，再移至旺火上，加绍酒25克、酱油、白糖、番茄酱、猪肉汤、盐2.5克、味精，晃动炒锅，使调料融合，烧沸后，盖上锅盖，移小火上烧约6分钟至肉馅成熟后，揭去锅盖，再置旺火上，晃动炒锅，用水淀粉勾芡，收稠汤汁，沿锅边淋入熟猪油，颠锅将豆腐翻面，虾仁朝上（保持块形完整，排列整齐），再淋入芝麻油，滑入盘中即成。

5. 制作关键

1）宜选用无锡特产“小箱豆腐”制作此菜。

2）用不锈钢小汤匙挖空豆腐盒里面的豆腐时，注意不能挖穿底部，不能挖破四边。

3）烧制时要注意保持豆腐块形完整，排列整齐。

6. 菜肴变化

皮箱豆腐、口袋豆腐、鱼翅灯笼豆腐等。

技能训练29 龙穿凤翅

菜肴类型：冷菜，菜品图见彩图1。

1. 烹法

蒸、浸。

2. 质量要求

色彩素雅，鸡翅嫩滑，火腿酥香，口味咸鲜。

3. 原料

（1）主料　鸡中翅10只，熟火腿60克。

（2）调料　姜片20克，葱段20克，黄酒20克，盐3克，味精2克，胡椒粉1克，鸡清汤250克，葱油20克，香菜15克。

4. 制法

1）将鸡中翅洗净，用姜片、葱段、黄酒各10克，盐、味精各1克，腌制2小时，入沸水锅内焯水，捞出，洗净，放盘内，加盐、味精拌匀，放上姜片、葱段，上笼蒸15分钟至熟，取出，放入冰水中浸凉，取出，放砧板上，用刀稍稍剁去鸡中翅的两端，抽出翅骨，并使其外形仍然完整。

2）将熟火腿切成约5厘米长、0.4厘米见方的长条，将火腿条插入去骨的鸡翅中，并微微露出两端。

3）鸡清汤中放入姜片、黄酒、盐、味精、胡椒粉调匀，放入穿好的鸡中翅浸泡30分钟左右，取出，装盘，淋上葱油，用香菜点缀即成。

5. 制作关键

1）鸡中翅必须腌制入味，焯水去腥，蒸熟即可，勿蒸老了。

2）熟火腿较咸时，可在温水中稍泡。火腿条可以切得细一点，既便于穿，也避免咸。

6. 菜肴变化

此菜也可以做成热菜，红烧、油炸均可。也可选用猪肋排，抽去骨头，可填充冬笋、芦笋等成菜。

技能训练30 串葱排骨

菜肴类型：热菜。

1. 烹法

炸、熘。

2. 质量要求

外形完整，肉质鲜嫩，葱香浓郁，口味酸甜。

3. 原料

（1）主料　猪排骨500克。

（2）配料　番茄1个，葱白100克。

（3）调料　葱段10克，姜片10克，黄酒10克，面粉25克，白糖20克，香醋20克，酱油20克，盐3克，味精2克，鸡汤150克，干淀粉75克，水淀粉10克，精炼油1000克（约耗40克），芝麻油10克。

4. 制法

1）将猪排骨洗净，斩成4厘米长的单排骨块，放盆内，加黄酒、葱段、姜片、盐、味精腌制入味，加干淀粉、面粉拌匀；葱白切成5厘米长的段；番茄去蒂洗净，切成滚刀块，放盘内；取一个小碗，放入白糖、香醋、酱油、鸡汤、水淀粉调成兑汁芡。

2）炒锅置火上，倒入精炼油，烧至五成热（约150℃），下排骨块，炸至外壳定型，改用小火炸约15分钟，倒入漏勺中沥去油，稍凉后，逐块抽出骨头，再分别插入葱白段。

3）炒锅复置火上，加少量精炼油，下番茄块略炒，下串葱排骨，倒入调好的兑汁芡，颠锅翻炒，淋入芝麻油炒匀，装盘即成。

5. 制作关键

1）宜选用中等大小的猪仔排制作此菜。

2）注意选择粗细合适的葱白。

3）油炸排骨时，注意掌握油炸时的温度，既要炸熟，又不要炸焦。

4）兑汁芡中的水淀粉用量要恰当。

技能训练31　虎皮扣肉

菜肴类型：热菜。

1. 烹法

炸、蒸。

2. 质量要求

色泽红亮，排列整齐，质感酥烂，咸中带甜。

3. 原料

（1）主料　带皮猪五花肉750克。

（2）配料　小油菜心12棵。

（3）调料 姜片25克，葱段25克，蒜6瓣，八角1个，老抽5克，生抽30克，白糖30克，黄酒40克，盐2.5克，水淀粉20克，芝麻油10克，植物油1000克（约耗50克）。

4. 制法

1）带皮猪五花肉洗干净，皮朝下，放在烧得很烫的铁锅内烙至外皮微焦，取出，用刀刮洗干净，再用细钢针在皮上扎满小孔。

2）炒锅上火，放少许油烧热，放入白糖10克炒至琥珀色，迅速倒入100克沸水，盛出成糖色水。

3）炒锅内放水，放入五花肉（水量以能淹没肉为度），煮至筷子能插入肉中时，取出，擦去肉皮上的水，趁热在肉皮上抹上糖色水。

4）炒锅内放植物油，烧至七八成热（油面平静，青烟四面扩散），将整块五花肉皮朝下放入油中炸至金黄色（油炸时要盖上锅盖，以免烫伤），捞出沥油，晾凉，再切成0.8厘米厚的大片，皮朝下，在大碗内排整齐。

5）炒锅上火，放植物油50克，下姜片、葱段、蒜瓣、八角煸香，加糖色水、黄酒、老抽、生抽、白糖、盐、少量清水烧沸，尝好味，倒入肉碗中，上笼蒸至酥烂。取出，盖上一个大盘，滗出汤汁，将肉扣入盘中。

6）炒锅上火，倒入原汤汁烧沸，调好颜色和口味，用水淀粉勾琉璃芡，淋入芝麻油，起锅浇在扣肉上。炒锅内放水，加少许植物油烧沸，下小油菜心焯熟，捞出，倒去水，锅复上火烧热，放少许植物油，下小油菜心，加少许盐、味精略炒，勾薄芡，起锅，排在扣肉周围即成。

5. 制作关键

1）五花肉宜选用中肋，烙烫去毛的同时，也能去臊味。

2）用细钢针在肉皮上扎满小孔，可使炸出来的皮变得蓬松。

3）扣肉必须蒸至酥烂。

6. 菜肴变化

香芋扣肉、梅菜扣肉、扣南瓜、扣蛋卷等。

技能训练32 冬菜扣鸭条

菜肴类型：热菜。

1. 烹法

蒸。

2. 质量要求

色泽棕黄，鸭肉细嫩鲜香，冬菜爽脆。

3. 原料

（1）主料　鲜光仔鸭1只（约1200克）。

（2）配料　冬菜120克。

（3）调料　姜片10克，葱段10克，黄酒50克，五香粉3克，盐4克，酱油15克，味精1克，白糖8克，芝麻油10克，精炼油1500克（约耗50克）。

4. 制法

1）将鲜光仔鸭剖腹去内脏，洗净，放在清水中泡去血水，取出，用盐、黄酒、姜片、葱段、五香粉抹遍鸭身内外，腌制40分钟后，将鸭子放在大盘内，入蒸笼蒸熟，取出，擦去表面的水。冬菜洗净，切成小段。

2）取一个小碗，放入盐、味精、酱油、黄酒、白糖调匀，做蒸制时的调料。

3）大锅上火，倒入精炼油烧至七成热，放入鸭子炸至金黄色，捞出，稍凉后，放砧板上，剁下鸭头、鸭翅，卸下鸭脯、鸭腿，拆去大骨，将鸭肉切成5厘米长、2厘米宽的条，皮朝下摆入蒸碗内，排列整齐，放入冬菜，放上鸭头、鸭翅，倒入调制好的调料，上笼用旺火蒸约30分钟，取出，拿出鸭头、鸭翅，再将蒸碗翻扣在大盘中，在合适的位置放上鸭头、鸭翅，使造型完整，淋上芝麻油即成。

5. 制作关键

1）鲜光仔鸭初加工后，要用足量清水浸泡去血水。

2）鲜光仔鸭要蒸熟，但不能蒸烂了，油炸主要为了上色、增香，鸭肉去大骨时要尽量保持鸭脯肉、鸭腿肉的完整。

3）鸭肉切条时要大小一致，要在扣碗中排列整齐。

技能训练33　清汤捶虾

菜肴类型：汤菜。

1. 烹法

氽。

2. 质量要求

虾片色白而透明，质感滑嫩，汤清味鲜。

3. 原料

（1）主料　新鲜大青虾500克。

（2）配料　去壳鲜春笋100克，嫩豌豆苗30克。

（3）调料　葱段15克，姜片15克，鸡清汤1500克，黄酒10克，盐4克，味精1克，白胡椒粉2克，干淀粉50克。

4. 制法

1）嫩豌豆苗洗净；去壳鲜春笋入沸水锅内焯水，煮约5分钟，捞出，放冷水中浸凉，切去老根后再斜切成椭圆形的片，用水漂清。

2）大青虾去头，剥去虾身壳，留尾壳，成凤尾虾，洗净，控出水，用干布吸干表面的水，放大碗内，放入拍松的姜片、葱段，加黄酒、盐2克、味精，腌约10分钟。

3）砧板上撒干淀粉，左手执虾尾，将虾仁部分全部粘上干淀粉，用擀面杖将虾仁慢慢捶成薄片，如此逐一捶好，即成凤尾虾片。

4）锅上火，放入清水烧沸，将凤尾虾片下锅氽透，捞出，下豌豆苗烫熟，捞出，清水漂清。

5）将干净炒锅上火，倒入鸡清汤，放入春笋片烧沸，放入虾片、豌豆苗，加盐、白胡椒粉调味，出锅装入碗内即成。

5. 制作关键

1）必须选用新鲜的大青虾，江虾、河虾为上。

2）必须吸干凤尾虾表面的水，捶虾片时，干淀粉要多一些，否则虾片易破。

3）氽虾片时要沸水下锅，刚熟即出锅，时间一长会变老。

技能训练 34　蟹黄鲜贝盒

菜肴类型：热菜。

1. 烹法

炸。

2. 质量要求

色泽金黄，外脆里嫩，口味鲜美。

3. 原料

（1）主料　大鲜贝20粒，生猪肥膘20克，虾仁70克。

（2）配料　熟蟹黄15克，去皮鲜荸荠20克。

（3）调料　葱末10克，葱姜汁3克，胡椒粉1克，黄酒5克，盐2克，辣酱油5克，味精3克，鸡蛋2个，番茄沙司100克，大番茄1个，香菜25克，干淀粉50克，面粉30克，面包屑150克，精炼油1000克（约耗40克）。

4. 制法

1）将大鲜贝竖着平铺在干布上的一侧，折起另一侧盖住，轻轻挤压，吸去表面水分，放碗内，加盐、味精、葱姜汁2克抓匀，腌制10分钟，待用。

2）将虾仁洗净，用干布吸去表面水分，压成蓉；生猪肥膘剁成蓉；荸荠剁成泥，荸荠泥需要挤去水，同放一个碗内，加葱末、黄酒、盐、味精、胡椒粉、辣酱油、干淀粉搅拌上劲，制成虾蓉馅心，待用。

3）将熟蟹黄分成10小块，用手捏成小球状，待用；鸡蛋磕入碗中，打成蛋液，放少许干淀粉搅匀成全蛋浆，待用。

4）将干淀粉与面粉混合均匀，先铺一层在砧板上，放上一个大鲜贝（竖着），再往鲜贝上撒混合粉，用擀面杖轻轻将其敲扁成直径5~6厘米的圆片，如此完成20张圆片，成为包虾蓉馅心的皮。

5）将鲜贝圆皮摊开，在中间放上虾蓉馅心，嵌入一个蟹黄，皮的边缘抹少许全蛋浆，再覆盖上一张鲜贝圆皮，捏紧边沿，挂匀全蛋浆后，粘上面包屑，轻轻按实成鲜贝盒生坯。

6）炒锅置火上，倒入精炼油，烧至五成热（约150℃），投入生坯炸至金黄色，倒入漏勺沥去油，排入盘中。用水果刀将大番茄的皮完整地旋切下来，圈成一朵月季花，香菜做叶点缀，配番茄沙司上桌即成。

5. 制作关键

1）鲜贝宜选用新鲜品，个头大小基本一致。

2）鲜贝敲成的片要厚薄均匀，大小一致。

3）要捏紧鲜贝圆皮的边缘，防止油炸时裂开。

4）油炸时要控制好油温。

技能训练35 掌上明珠

菜肴类型：热菜。

1. 烹法

蒸。

2. 质量要求

造型别致，色彩素雅，鸭掌柔滑，鸽蛋细嫩，口味咸鲜。

3. 原料

（1）主料　新鲜鸭掌10个，鸽蛋10个。

（2）配料　新鲜河虾仁250克，猪肥膘蓉50克，小油菜心10棵，蛋清1个。

（3）调料　姜片15克，葱段15克，姜葱汁5克，鸡清汤250克，黄酒25克，盐5克，干淀粉20克，水淀粉20克，白胡椒粉1克，葱油30克。

4. 制法

1）新鲜鸭掌剪去趾甲，洗净，放沸水锅内焯水约10分钟，捞出，洗净。

2）锅上火，倒入适量水，放入焯水后的鸭掌，下姜片、葱段、黄酒、盐2克，煮沸，盖上盖，用小火焖煮约15分钟，捞出，放在冷水中浸凉．取出，用小刀在鸭掌上部趾骨处顺长逐一划开，摘去趾骨。

3）鸽蛋小火煮熟，捞出放冷水中浸凉，取出，剥壳，备用。

4）虾仁洗净，用干布吸干表面的水，在砧板上压成虾蓉，放上猪肥膘蓉，用刀再剁细，放大碗内，加蛋清、姜葱汁、盐1克、干淀粉15克，搅拌上劲。

5）将脱骨鸭掌的掌心朝上排在砧板上，在掌心处撒上少许干淀粉，将虾蓉挤成10个大小一致的虾丸镶嵌在每个鸭掌的掌心处，再将熟鸽蛋镶嵌在虾蓉上，稍稍按压至鸽蛋进去1/3，然后将鸽蛋周围的虾蓉抹匀、抹光滑，制成掌上明珠生坯。

6）将掌上明珠生坯放在平盘内，上笼蒸8分钟，取出，滗去水。

7）炒锅上火，倒入沸水，放少许葱油、盐，下小油菜心焯熟，捞出，间隔整齐地码在掌上明珠中间。

8）炒锅复上火，倒入鸡清汤烧沸，加盐、白胡椒粉调味，用水淀粉勾琉璃芡，淋入葱油，起锅浇在掌上明珠和小油菜心上即成。

5. 制作关键

1）鸭掌宜煮至八成烂，既便于脱骨，也便于镶嵌，成品吃口也柔滑。

2）虾蓉搅拌上劲后宜硬一些（干厚），便于成型，蒸熟后也不会过于坍塌。

3）鸡清汤经勾芡后，其芡汁可稍微厚一些，便于附着在鸭掌鸽蛋上，以增加光泽。

技能训练36 雪花蟹斗

菜肴类型：热菜。

1. 烹法

炒、蒸。

2. 质量要求

以蟹背壳做容器（称斗），内盛炒蟹粉，以发蛋堆砌其上，色白如雪，蟹粉鲜嫩，蟹油四溢，味美诱人。

3. 原料

（1）主料 蟹粉350克，熟蟹背壳10个。

（2）配料 蛋清2个，熟火腿末5克，香菜5克。

（3）调料　黄酒50克，盐3克，葱花5克，姜末5克，鲜汤100克，水淀粉10克，胡椒粉1克，精炼油35克。

4. 制法

1）将熟蟹背壳洗净，入沸水锅中焯水，捞出，控去水，背面朝下排在大盘内。

2）炒锅置火上，放入精炼油，下葱花炒香，下蟹粉略炒，加黄酒、盐、姜末、少许鲜汤，烧沸后转小火略焖，用水淀粉勾芡，起锅装入蟹背壳内，撒上胡椒粉。

3）用电动打蛋器将蛋清打成发蛋，分成10份，放在装有炒蟹粉的蟹背壳内，使其堆积成“白雪”，并用小刀抹光表面，撒少许熟火腿末，放上一两片香菜叶，上笼用小火蒸熟，取出。

4）炒锅上火，倒入鲜汤，加少许盐，用水淀粉勾薄芡，淋入少许精炼油搅匀，浇在“白雪”上即成。

5. 制作关键

1）宜选用阳澄湖大闸蟹制作此菜。

2）选择的蟹斗大小要基本一致。

3）蛋清要打至全发，蒸制时要虚掩笼盖，放汽蒸。

技能训练37　烤羊肉串

菜肴类型：热菜，菜品图见彩图2。

1. 烹法

烤。

2. 质量要求

色泽酱黄油亮，肉质鲜嫩软脆，味道麻辣醇香。

3. 原料

（1）主料　羊后腿肉1000克。

（2）配料　洋葱2个。

（3）调料　辣椒粉、孜然粉、盐、植物油各适量。

4. 制法

1）将羊后腿肉洗净，剔去筋皮，切成3厘米见方、1厘米厚的小块。洋葱切成与羊肉大小接近的方片，然后用钢扦将羊肉、洋葱片间隔穿起，一串一般穿七八块羊肉，其中可以间隔穿一两块肥羊肉。

2）将穿好的羊肉串平架在微炭火上烤制，边烤边转，烤约2分钟，刷上少许植物油，撒上辣椒粉、孜然粉，继续翻转着烤，当肉色呈酱黄色时，再烤1～2分钟至羊肉串表面有微微焦斑时，撒上少许盐，即可食用。

5. 制作关键

1）宜选用新鲜的羊后腿肉或羊里脊肉。

2）羊肉块的大小基本一致，成熟时间也一致。

3）羊肉块即将成熟时，先刷油，后撒辣椒粉、孜然粉。

6. 菜肴变化

烤鸡肉串、烤鱿鱼串、串烤鳗鱼、串炸大虾等。

技能训练38　荷香焗串虾

菜肴类型：热菜。

1. 烹法

盐焗。

2. 质量要求

造型美观，食用方便，香气扑鼻，味鲜可口。

3. 原料

（1）主料　大竹节虾400克。

（2）配料　干荷叶2张，锡纸1张，竹扦、粗盐各适量。

（3）调料　姜片8克，葱段8克，玫瑰露酒7克，蒜泥5克，辣椒酱10克，味精2克，盐4克，黄酒5克，精炼油适量。

4. 制法

1）将大竹节虾洗净，沥去水，放在容器中，加入姜片、葱段、蒜泥、黄酒、盐、味精、辣椒酱腌制约10分钟。

2）用一根竹扦从竹节虾的尾部插入，从头部穿出，如此全部穿好，刷上精炼油。干荷叶放入沸水中烫软，取出，用干布吸去水。

3）将一张荷叶平铺在砧板上，将穿好的竹节虾整齐排好两层，包起来，用另一张荷叶包第二层，再用锡纸包严实。

4）炒锅置火上，放入粗盐炒制，炒烫后，埋入用锡纸包严实的竹节虾，焗约25分钟，取出锡纸包，抖去粗盐，放入盘中，上桌后，用小刀划开锡纸和荷叶即成。

5. 制作关键

1）宜选用鲜活竹节虾制作此菜。

2）荷叶和锡纸要将虾包裹严实，以防盐粒混入虾中。

3）掌握好腌虾的口味。

技能训练39　荷包鲫鱼

菜肴类型：热菜。

1. 烹法

红烧。

2. 质量要求

外形完整，色泽酱红，鱼鲜肉嫩，咸甜适中。

3. 原料

（1）主料　大活鲫鱼2条（约700克），猪五花肉蓉250克。

（2）配料　鲜笋片50克。

（3）调料　黄酒25克，老抽15克，生抽35克，白糖35克，盐2克，味精1克，姜片10克，葱段30克，葱花25克，姜末15克，胡椒粉2克，水淀粉20克，芝麻油15克，精炼油50克。

4. 制法

1）鲫鱼去鳞、去鳃，从背脊上剖开，去内脏，洗净。

2）将猪五花肉蓉放入大碗中，加葱花15克、姜末，用少量老抽、盐、黄酒、味精、水淀粉拌和上劲成肉馅，塞入鱼腹中，然后抹上生抽稍腌。

3）炒锅上火，放精炼油50克，烧至七八成热，将鲫鱼放入锅内，煎至两面焦黄时，下葱段、姜片煎出香味，再下黄酒、生抽、老抽、白糖、盐、清水适量（以淹没鱼身为度），放入鲜笋片，用旺火烧开，盖上锅盖，改用小火烧20分钟左右，再用旺火将汤汁收浓，用少许水淀粉勾芡，撒入胡椒粉，淋入芝麻油，起锅装盘，将鲜笋片码放在鱼身上，撒上葱花，将余汤浇在鱼上即成。

5. 制作关键

1）肉蓉必须用猪五花肉制作，既有瘦肉又有脂油，同鲫鱼相配，鲜肥入味。

2）鲫鱼煎后的加水量必须吃准。只能一次加水至熟，使汁浓入味，如中途添水，会使汁淡味失。

3）煎鱼时锅要热，火宜小。

6. 菜肴变化

荷包鳜鱼、荷包鲈鱼、荷包黄鱼等。

技能训练40 羊方藏鱼

菜肴类型：热菜。

1. 烹法

炖。

2. 质量要求

羊方酥烂味香，鱼肉软嫩味鲜，汤色浓白味醇。

3. 原料

（1）主料 新鲜羊肋方肉1块（约1000克），活鳜鱼1条（约600克）。

（2）配料 熟火腿50克，水发香菇4片，油菜心100克。

（3）调料 盐5克，姜汁30克，黄酒20克，花椒40粒，八角2个，陈皮12克，姜片50克，葱段20克，羊肉原汤1500克。

4. 制法

1）将羊肋方肉洗净，放大盆内，用适量的葱段、姜片、黄酒、盐、花椒、八角、陈皮搓擦羊肉表面，腌制6小时。

2）汤锅上火，倒入清水，放入羊肉煮沸，焯水至断生，捞出，洗净，用刀修齐四面，使其成为大的正方块，用一把西餐用的单刃尖刀从羊肋方一个侧面的1/2处剖开一个较深的豁口，使羊肋方形成夹层，用姜汁15克和少量盐擦匀里面，腌制10分钟。

3）鳜鱼刮鳞，去鳃，剖腹，去内脏，洗净，放在砧板上，剁下鱼头、鱼尾，将中段一剖为二，去脊骨，去肋骨，铲去鱼皮，将鱼肉批切成大片，用姜汁15克和少量盐擦均匀，腌制片刻，待用。鳜鱼的头尾及鱼骨、鱼皮洗净，待用。

4）把腌制好的鳜鱼片填入羊肉夹层中，铺平，用竹扦封口，成羊方藏鱼生坯。

5）熟火腿切片，水发香菇去蒂，油菜心择洗干净，焯水待用。

6）汤锅置火上，倒入羊肉原汤，放入鱼头尾及皮骨，大火煮沸8分钟，见汤色洁白时，捞去鱼骨，过滤，待用。

7）取大砂锅一个，放入葱段、姜片，放入羊方藏鱼生坯，倒入煮过鳜鱼骨头的羊汤，浸没过羊肉，放盐、黄酒、陈皮、八角1个，大火烧沸，撇去浮沫，移小火炖至酥烂时，在羊肋方上排放火腿片、香菇片和菜心，盖上盖，再炖沸，拣去陈皮、八角、葱、姜，即成，可连砂锅上桌。

5. 制作关键

1）羊肉要选新鲜的羊肋方，腌制时要加葱姜酒、香料、盐等，去除羊膻味。

2）宜选用鳜鱼、鲈鱼等肉中无刺或刺少的活鱼制作。

3）焯水要使羊肋方断生，进一步去膻味。

4）炖制时所用陈皮、八角下锅前要用沸水烫洗或浸泡一会儿，可防止其掉色，影响汤的浓白度。

复习思考题

1. 结合整鸡脱骨简述整料脱骨的要求。
2. 简述蓉泥的特点与制作要领。
3. 简述制作鱼蓉的选料要求、加工方法及技术要求。
4. 简述如何运用花式菜肴组配方法中的包、卷、酿、夹、塑等方法进行菜肴创新。
5. 用中式火腿做主料的菜肴有哪些？如何开发新菜？

项目 3

原料预制加工

- 原料预制加工
  - 制汤
    - 汤的概念及制作原理
    - 制汤的注意事项
    - 技能训练1　普通白汤
    - 技能训练2　浓白汤
    - 技能训练3　普通清汤
    - 技能训练4　高级清汤
  - 制冻
    - 冻胶的基本概念及种类
    - 冻胶的制作要领
    - 技能训练5　西瓜冻
    - 技能训练6　牛奶水果冻
    - 技能训练7　水晶鸭舌
    - 技能训练8　水晶黄鱼冻
    - 技能训练9　猪皮冻
    - 技能训练10　牛蹄冻
  - 制蓉胶
    - 蓉胶制品的特点及种类
    - 制作蓉胶制品的技术要求
    - 技能训练11　清汤鱼圆
    - 技能训练12　荆沙鱼糕
    - 技能训练13　百花镶鸭掌
    - 技能训练14　软煎虾饼
    - 技能训练15　鸡豆花
    - 技能训练16　鸡蓉蛋

3.1 制汤

制汤是加工工艺中很重要的一个环节。在传统烹调技艺中，好汤是制作菜肴必不可少的辅助原料之一，是形成菜肴风味特色的重要组成部分。无论是普通原料还是高档原料，大多需要用好汤加以调配才能更加鲜美。即使有味精、鸡精等增鲜剂的使用，但好汤的鲜美更自然、更醇厚、更有营养，是很难被取代的。因此，了解制汤的原理、掌握制汤的技法，对菜肴制作，特别是高档菜肴的制作，具有非常重要的意义。

3.1.1 汤的概念及制作原理

1. 汤的概念

汤是指烹饪原料经过炖煮后的汁液，也指烹调后汁液特别多的食物，如鸡汤、鱼汤、蔬菜汤、清汤等。汤的种类很多，每一种汤都有各自的特点，也都有相应的用途。

（1）按原料性质分 有荤汤和素汤两类。荤汤是以动物性原料烹制而成的汤，按原料品种不同分为鸡汤、鸭汤、猪肉汤、鱼汤、海鲜汤、骨头汤等；素汤是以植物性原料烹制而成的汤，多选用黄豆芽、各种菌菇、鲜笋、雪菜、干蚕豆瓣、西芹、香菜、胡萝卜等原料炖煮而成，是制作素菜的高汤。

（2）按汤的味型分 有单一味和复合味两种。单一味汤是指用一种原料烹制而成的汤（就味的成分而言也属于复合味），如鸽子汤、鲫鱼汤、排骨汤等；复合味汤是指用两种以上原料烹制而成的汤，如火腿猪蹄煮成的汤、蛤蜊小虾煮成的汤等。

（3）按汤的色泽分 有清汤和白汤两类。清汤，汤汁清澈见底，口味清纯；白汤，汤色乳白，口味浓厚。白汤又分一般白汤和浓白汤，一般白汤多用鸡骨架、猪骨等原料制成，主要用于普通的烩菜、烧菜、汤菜；浓白汤多用老鸡、蹄髈、排骨、鸡爪、鱼等原料制成，既可单独成汤，也是高档菜肴的用汤。

（4）按制汤的工艺方法分 有单吊汤、双吊汤、三吊汤等。单吊汤多指一次性制作完成的汤；双吊汤是指在单吊汤的基础上，使用鸡肉蓉（猪肉蓉等）进一步提纯，使汤汁变清，汤味变鲜；三吊汤则比较特别，是在单吊汤的基础上，使用鸡骨架碎末、鸡腿肉蓉和鸡脯肉蓉，三次提纯，并经过小火炖制后形成的高级清汤。这种汤色呈淡绿豆色，清澈见底，汤鲜味醇，是制作高档菜肴的必备用汤。

2. 汤的制作原理

制汤的过程，实质是原料中呈味物质由固相（原料）向水相（汤）的浸出过程。原料在刚入锅加热时，原料表层呈味物质的浓度大于水中的呈味物质浓度，这时呈味物质就会从原料表面通过液膜（分乳状液膜、支撑液膜两种）扩散到水中，当表面呈味物质进入水中之后，表层的呈味浓度会低于原料内层的呈味浓度，导致原料内部液体中的呈味物质浓度不均匀，从而使呈味物质从内层向外层扩散，再从表层向汤汁中扩散。原料经过一段时间受热后，呈味物质继续从内层向外层扩散，再从表层向汤汁中扩散，原来的水逐渐变成了汤。由于制汤需要长时间加热，原料中的呈味物质会不断地转移到汤汁当中，最后达到浸出浓度相对平衡，汤就制好了。

汤的质量高低与原料中的呈味物质向汤中转移的程度有关，转移得越彻底，汤的味道越鲜美醇厚。另外还与所用原料的品种、数量、老嫩、形状大小、水与原料的比例、火力大小、加热时间长短等密切关联。蛋白质含量高、脂肪较多的动物性原料，块形越小，呈味物质向汤中扩散的系数越大；制汤时间越长，原料中的呈味物质向汤中转移得越彻底。

3.1.2 制汤的注意事项

1. 选料用料

制汤原料的选用是影响汤汁质量的重要因素。不同的汤对原料的品种、老嫩、部位、新鲜度都有一定的要求。不宜选用不新鲜的和腥膻味重的原料用于制汤。

制作素汤，宜选用呈味物质含量高的植物性原料，如各种新鲜的菌菇、黄豆芽、鲜笋、雪菜、胡萝卜、芹菜、紫菜、海带、干蚕豆瓣等。

制作一般白汤，宜选用呈味物质含量较高的动物性原料，如鸡骨架、猪棒骨、猪脊骨、羊骨、牛骨、鱼骨架等。

制作浓白汤，宜选用蛋白质含量高、胶原蛋白含量高、脂肪含量高（特别是卵磷脂含量高）的动物性原料，如散养老母鸡、鸡翅、鸡爪、猪蹄髈、猪蹄、猪排骨、牛棒骨、牛脊骨、羊蹄、羊棒骨、新鲜鱼（鲫鱼、黑鱼）等。

制作清汤，宜选用蛋白质含量高、胶原蛋白含量低、脂肪含量较少的动物性原料，如鸡肉、猪瘦肉、瘦牛肉、瘦羊肉、鸡骨架等。

2. 料水比例

制汤的最佳料水比在1∶2左右，水过多汤汁中可溶性固形物、氨基酸态氮、钙和铁的浓度降低，但绝对量升高；水过少则不利于原料中的营养物质和风味成分浸出，绝对浸出量并不高。清汤与浓汤的料水比也有一定的区别，一般清汤的料水比例可以大于1∶2.5，浓汤的料水比例可以大于1∶3（因后期旺火加热使汤变白过程中，汤会损耗）。

3. 掌握火候

根据制作浓汤和清汤的不同要求，适度掌握火候，火力过大，汤汁水分蒸发很快，原料中呈味物质不能充分浸入汤中，使汤汁黏性差，鲜味淡；火力过小，又会减慢原料中呈味物质的浸出速度，同样会影响汤汁质量。

4. 调料投放

盐是汤菜主要的调味品，若制汤时过早加盐，会使汤汁溶液渗透压增大，原料中的水分就会渗透出来，盐也会向原料内部扩散，导致蛋白质凝固，原料中呈味物质难以浸出，从而影响汤汁的滋味，所以盐应在成汤以后加入定味，葱、姜、黄酒可以提前加入，但数量也不宜多。因制成的汤大多是做菜时使用，故也可以不放盐。

5. 过滤去渣

无论是清汤还是浓汤，在制成后都要经过滤渣处理。一般先用漏勺捞去汤中个体较大的制汤原料（这些原料中有一部分还可以利用），然后可用20目的不锈钢滤网笊篱过滤掉细小的渣，若需再过滤，可用40目的不锈钢滤网笊篱再过滤一次，即成。行业中也有使用双层纱布或滤纸过滤的，均可。

技能训练 1　普通白汤

普通白汤也称一般白汤、毛汤等，多属于复合味汤。制作普通白汤常选用鸡骨架、鸭骨架、猪杂骨、猪皮、火腿骨或边角料等不能再用作主料或配料的原料，行业内称为“下脚料”。将这些骨架洗净，焯水，再洗净，放入汤桶，加葱结、姜片、黄酒和水（水量一般为原料的三倍），用旺火烧沸，撇去浮沫，改用小火煮2～3小时，再用旺火煮至汤白，离火，放凉，用漏勺捞去汤中的骨头等，再用细汤筛过滤一两次，即成。

如果将捞出的骨头继续放入另一个汤桶中加水煮制，煮成的汤称为“二汤”，汤色和鲜味均不如第一次煮出的汤。

技能训练 2　浓白汤

浓白汤也称奶汤，属于高级白汤。制作浓白汤多选用老母鸡、老鸭、猪蹄髈、猪肚、猪棒骨、猪排骨、牛脊骨、牛蹄、鸡爪、熟火腿骨、鲫鱼、鳜鱼等原料制成，如猪骨头浓汤、牛骨头浓汤等。也有使用更高级的原料制汤，如珧柱、金华火腿肉等。

制汤时，先将所有原料分别剁成块，有些还需要浸漂去血水，然后洗净，放入沸水锅中焯透，捞出，用清水洗净，放入汤桶内，倒入水（水量一般为原料的三倍），加葱、姜、黄酒，用旺火烧沸，撇去浮沫，改用中火继续加热，使汤面始终保持沸腾状态，煮2～3小时或更长时间，直至汤汁乳白浓稠，即成。煮猪骨头浓汤时，除了用猪棒骨、猪排骨外，一般还可以加入猪蹄髈、鸡爪、火腿骨等，可使浓汤更加黏稠、醇厚、味香。如果是单一味的浓汤，如鲫鱼汤、鳜鱼汤等，可以先用油将鱼两面煎黄，然后直接加水、葱、姜、黄酒，用中火炖煮而成。

技能训练3 普通清汤

普通清汤也称一般清汤，具体品种有鸡清汤、猪瘦肉清汤、排骨清汤、牛肉清汤、羊肉清汤、素清汤等。原料经过焯水，洗净，放汤桶内，加入足量清水，放入葱、姜、黄酒，上火煮沸，撇去浮沫，立即转微火加热，汤面以微沸（冒“蟹眼”）为宜，炖约3小时即成。炖清汤时，火力不宜过旺，也不宜剧烈沸腾，否则会导致汤色变白，不易澄清；火力也不能太小，否则原料内的呈味物质因温度偏低，扩散系数小而不易浸出，同样会影响汤的质量。

技能训练4 高级清汤

高级清汤是在一般清汤的基础上进一步提炼而成的，行业中称为吊汤。在制作高级清汤时，必须以原汤为基汤进行提炼吊制。在原汤中无论是浓汤还是一般清汤都不同程度地存在着混浊状。这是因为原汤的汤汁中含有未被水解、水溶的微小颗粒以及其他一些沉浮颗粒。由于它们的密度与原汤密度相近，因此可在汤汁中不停地沉浮运动，很难稳定在某一个层面，从而使汤汁混浊不清。吊汤的目的就是去除这部分颗粒，但这些颗粒很小，直径一般为4～10毫米，即使用很细的汤筛也无法将其滤除，因此，必须吊制才能使汤汁清澈见底。

吊汤前，首先必须将原汤中的浮油撇除干净，最好将原汤放在0℃的冰箱中冷藏一夜，汤中脂肪呈半凝固状浮于汤面，用很细的汤筛滤除。其次在原汤中放少许盐，有利于保持清汤的稳定性，也有利于蛋白质的凝固并增加吸附性，使汤变清。

吊汤时，我们常采用鸡骨架蓉、鸡腿肉蓉、鸡脯肉蓉分三次进行吊制。这些蓉泥中的蛋白质是凝聚原汤中悬浮物的主要物质。为了使汤汁清澈，使蛋白质能快速地分散于原汤中，必须将吊汤的原料斩成细蓉，然后再用适量冷水调均匀，并快速地倒入汤中，可增加吸附性，吊汤效果好。

吊汤原料的投放时机很重要，一般应在加热开始时投放。如果在汤沸后投入，容易使吊汤的蓉泥成团，不能均匀地扩散到汤中，同样会影响吊汤的效果。操作程序如下。

1）先用双层纱布或细网筛将一般清汤过滤一次，倒入汤锅，放少许盐。将鸡骨架用刀背斩成蓉，放大汤碗内，加适量葱、姜、黄酒和清水搅拌均匀并浸泡出血水，再将血水和鸡骨架蓉一起倒入汤中，上旺火烧沸后，立即改成小火，等鸡骨架蓉浮起后，用细网筛捞出，倒在双层纱布上包扎起来，压成饼状，待用。

2）将新鲜的鸡腿肉斩蓉后加适量葱、姜、黄酒和清水浸泡出血水，然后将血水和鸡腿肉蓉搅匀后一起倒入汤锅中，上旺火烧沸后，立即改成小火，等鸡腿肉蓉浮起后，用细网筛捞出，倒在双层纱布上包扎起来，压成饼状，待用。

3）将鸡脯肉斩蓉后加适量葱、姜、黄酒和清水浸泡，然后将血水和鸡脯肉蓉搅匀后一起倒入汤锅中，中小火加热，边加热边用手勺轻轻搅拌，待鸡脯肉蓉上浮后，用细网筛捞出，倒在双层纱布上包扎起来，压成饼状，待用。

原汤经过鸡骨架蓉、鸡腿肉蓉、鸡脯肉蓉的三次提吊，已经很清澈，但这三种蓉中的蛋白质还很丰富，将它们用双层纱布包扎起来并压成饼状，是为了继续炖煮，使其释放更多的鲜美物质。

4）将三次提吊后的汤倒入汤锅中，放入前面包扎好的三个“饼子”，用小火再炖1～2小时，取出“饼子”，压出里面的汤，倒入锅中，然后再用双层纱布将汤过滤一次，即成。

经过如此重复吊汤后，汤汁更清澈，口味更鲜醇。餐饮业称之为“三吊汤”，主要用于高档菜肴制作。

3.2 制冻

制冻就是选用适当原料经烹调加工和冷却，使汤汁凝结成冻的技法。

3.2.1 冻胶的基本概念及种类

1. 冻胶的概念

冻胶也称胶冻，是凝固的汤汁或卤汁，因其富有弹性，故称冻胶。

2. 冻胶的种类

冻胶一般分为两大类：自然凝固的冻胶和凝固剂凝固的冻胶。这两类冻胶加热熔化，冷却凝固，是可逆的过程。自然凝固的冻胶是指富含结缔组织、胶原蛋白的动物性原料，经长时间加热烹调后形成的汤汁或卤汁，在常温下自然凝结成冻。富含结缔组织、胶原蛋白的动物性原料主要有猪蹄、猪皮、牛蹄、羊蹄、棒骨、鸡爪、鸭爪、鹅爪、蹄筋、鱼皮、鱼膘等；凝固剂凝固的冻胶是指用适量的琼脂或明胶与汤汁混合，通过加热使琼脂或明胶熔化于汤汁中，冷却后凝结成冻。

常见品种主要有猪皮冻、猪蹄冻、牛蹄冻、羊蹄冻、蹄筋冻、鱼冻以及用琼脂或明胶与其他原料或汤汁制成的各种胶冻，如水晶鸭舌、水晶虾仁、水晶鲈鱼片、水晶蟹黄、菠萝冻、西瓜冻、番茄冻、牛奶冻、椰汁冻等。

3.2.2 冻胶的制作要领

1. 料水比例

冻胶的料水比例可分为皮冻类的料水比例，琼脂或明胶冻的料水比例两种。

1）皮冻类的以猪皮冻为例，猪皮与水的比例通常为1：3或1：4左右，即500克的新鲜猪皮需要1500克或2000克的水。这里要说明的是熬皮冻作为一项技术，厨师对皮冻软硬度的认可程度不同，熬制时间的长短以及具体操作方法的差异，料水比例都会有所不同，1：2、1：2.5、1：3、1：4、1：5几种料水比例均可供制冻时参考。

2）琼脂用于制冻，料水比例一般为1：10；明胶用于制冻，料水比例一般为1：8；还有一种果冻粉，其料水比例一般为1：15左右。由于琼脂或明胶的品种不同、厨师对胶冻软硬度的要求不同，料水比例可根据实际情况做适当微调。

3）还有一种情况就是猪皮冻熬制后期，添加适量明胶及适量水，使猪反冻和明胶冻合而为一，成为混合冻。

2. 熬煮火候

猪皮冻必须经过熬煮，中小火熬煮90分钟左右（包括肉皮熟烂后绞蓉和二次复熬）；若要制作透明的猪皮冻，可以将煮改为蒸。琼脂吸水膨润后，加水，小火加热，使汤汁沸腾，加热15分钟以上，琼脂才能完全溶解。明胶有很好的吸水膨润性能，水温40℃以上即可溶解，但若要充分溶解，采用蒸的方法较好。

3. 掌握调味

冻胶的调味是在熬煮时进行的。其口味咸淡应根据不同地域、菜品需要等因素而定。由于有些皮冻在装盘后还要浇上配制好的调料，故熬煮皮冻时的调料要加以适当控制。如猪皮冻，先将新鲜猪皮加工干净，焯水时可用葱姜酒去除异味，正式熬煮时可用葱姜酒、香料等增加香味，煮烂后捞出猪皮，用破壁机打成蓉，倒入汤锅内继续熬煮一会，再用盐、酱油、鸡精、胡椒粉、糖等调味，然后倒入不锈钢方盆内放凉，封上保鲜膜，进冰箱保鲜室放置，待其完全凉透后取出，切配装盘，浇上配制好的调料或配上调味碟，适当点缀即成。

4. 颜色变化

冻胶的颜色可作较多的变化，除常见的本色、酱红色外，还可以在熬制时通过适量添加某些色彩鲜艳美观的烹饪原料的蓉泥或汁水改变汤汁的颜色，使冻胶的颜色丰富多彩。用于改变汤汁颜色的原料有很多，如藏红花水、洛神花水、红茶水、抹茶粉水、西瓜汁、橙汁、火龙果汁、百香果汁、蓝莓汁、桑葚汁、红葡萄酒、熟青豆泥、熟南瓜泥、菠菜汁、苋菜汁、紫甘蓝汁、番茄酱、牛奶、椰子汁等。

5. 形状变化

冻胶的形状变化主要通过切配成形和模具定型来实现。冻胶凝固后，可以用刀切成多种形状，如小方块、长方形厚片、粗条、大丁等，也可以用专用模具刻成圆形厚块、葫芦形厚片、秋叶状厚片等其他形状。还有一种成型方法是在冻胶熬好后，直接倒入相应的模具中（酒杯、汤匙、小碟也经常被使用），然后再冷却凝固，脱模后装盘，或再改刀装盘。

6. 冷凝时间

猪皮冻、琼脂冻或明胶冻的冷凝时间跟冻胶的厚度和冰箱内温度的高低有关，冻胶越厚，冷却凝固的时间越长，冰箱保鲜室的温度一般在3℃左右。当皮冻、琼脂冻或明胶冻熬煮好后，倒入盛放的容器中，首先需要一定的时间让其降温，根据不同的季节和室温，这个过程可能需要30～60分钟，然后再放进冰箱冷藏1～3小时，因此，皮冻、琼脂冻或明胶冻的冷凝时间应根据实际情况灵活掌握。特别是夏季，环境温度相对较高，已经凝固的胶冻，要在出菜前从冰箱内取出来，改刀装盘后立即上桌；也可以先改刀装盘，用保鲜膜包好后放进冰箱冷藏，上桌时端出，这样的冻胶口感较好。

技能训练5　西瓜冻

菜肴类型：甜品，菜品图见彩图3。

1. 烹法

煮。

2. 质量要求

色红，味甜，软滑有弹性，晶莹剔透。

3. 原料

现榨西瓜汁500克，琼脂3～5克，白糖30～50克。

4. 制法

1）把琼脂放入碗内，倒入凉水浸泡至回软。

2）将西瓜汁倒入干净的不锈钢锅（避免发黑）中，放入泡软的琼脂、白糖，用小火煮至微沸，边煮边用勺不停地搅动，待琼脂完全熔化，离火，倒入容器内（玻璃容器为好，也可以倒入特定的模具中），静置1小时，凉透后放入冰箱保鲜室再静置1～2小时，即可凝结成西瓜冻。

3）将凝结好的西瓜冻切块或脱模后装入上桌的餐具中，适当点缀即成。

5. 制作关键

1）琼脂要用凉水泡软，不宜用热水。

2）煮西瓜汁、琼脂时，火要小，不宜大沸。

3）若用单个模具制冻，用3克琼脂口感较好；若要改刀，加5克琼脂比较容易切。

4）白糖使用的量可灵活掌握，但不宜太甜。

技能训练6　牛奶水果冻

菜肴类型：甜品。

1. 烹法

煮。

2. 质量要求

色泽奶白，表面光滑，水果间杂其中，味道香甜，口感清爽有弹性。

3. 原料

牛奶300克，炼乳100克，清水200克，白糖40克，琼脂6～7克，猕猴桃1个，芒果1个，大草莓6个，蓝莓20粒。

4. 制法

1）将猕猴桃去皮，切成稍大的丁；芒果去皮，去核，切成与猕猴桃大小一样的丁；草莓洗净，去蒂，也切成丁；蓝莓洗净。

2）把琼脂放入碗内，倒入凉水浸泡至回软，取出控去水。

3）不锈钢锅内倒入200克清水，放入泡软的琼脂、白糖，用小火煮至琼脂完全熔化，倒入牛奶和炼乳，用勺搅匀，离火，倒入一个大小合适的长方形容器内，加入所有水果丁和蓝莓，凉透后放入冰箱冷藏2小时以上，待其凝固成冻。

4）装盘时，将牛奶水果冻取出，用热毛巾围在容器外面捂一会便于脱模，改刀成块，装盘即成。食用时也可以浇上焦糖汁或草莓果酱以增加色彩和风味。

5. 制作关键

1）水果品种可根据季节和喜好而定，但其总量不宜超过350克。

2）用热毛巾、吹风机、热水浴锅适当对容器进行短暂的加温，有利于果冻脱模。

3）做果冻尽量不要使用香精，以保持自然原味。

技能训练7　水晶鸭舌

菜肴类型：冷菜，菜品图见彩图4。

1. 烹法

煮。

2. 质量要求

胶冻透明、软滑有弹性，鸭舌质嫩微脆，口味咸鲜。

3. 原料

鸭舌500克，明胶粉15克，清水500克，黄酒20克，葱段10克，姜片15克，八角3克，盐5克，白糖2克，味精3克，精炼油30克，香菜碎少许。

4. 制法

1）将鸭舌洗净，放入沸水锅中焯水，焯透后捞出，抽去鸭舌骨，留鸭舌待用。

2）明胶粉放入碗内，用少许温水调开调匀，制成明胶粉浆。

3）不锈钢锅上火，放入精炼油、葱段、姜片、八角（用开水烫洗一下）煸出香味后，再加入黄酒、清水、盐、味精、白糖，煮沸片刻，用细汤筛捞去葱、姜、八角，放入鸭舌煮5分钟捞出。

4）将锅内汤汁用双层纱布过滤一次，取300克原汤倒入锅中，上小火，放入明胶粉浆，用勺不停地搅动，待明胶粉浆完全熔化后，离火，取一个小扁碗，先舀一些汤进去，放入香菜碎，再用筷子把鸭舌舌面朝下夹入碗中，排叠整齐，再用勺将余下的汤轻轻舀入碗中，放入冰箱凝结成冻。上桌时，将鸭舌冻从碗中脱出，倒在盘中。

5. 制作关键

1）鸭舌焯水时必须焯透，以便抽出鸭舌中的软骨。

2）去骨后的鸭舌不宜久煮。

3）明胶粉宜先用温水溶开，再入汤锅中煮。

6. 菜肴变化

水晶鱼片、水晶虾仁、水晶文蛤、水晶蜜豆、八宝水晶鸭等。

技能训练 8　水晶黄鱼冻

菜肴类型：冷菜，菜品图见彩图5。

1. 烹法

煮。

2. 质量要求

胶冻透明、软滑有弹性，黄鱼肉质细嫩，口味鲜美。

3. 原料

大黄鱼1条（约700克），吉利丁片2片（约10克），清水500克，黄酒20克，葱段15克，姜片20克，花椒10粒，盐5克，香菜梗5克，小米椒2个。

4. 制法

1）将大黄鱼去鳞、去鳃、去鳍，剖腹去内脏，洗干净，放在砧板上，切下鱼头，用刀沿脊骨平批，取下两侧鱼肉，再铲去鱼皮，将鱼肉洗净，放入盘内，放上姜片、葱段、黄酒，撒上少许盐，上笼蒸熟，取出，剔净鱼刺，将鱼肉分成小块，待用。

2）将鱼头、鱼骨剁成块，与鱼皮放在一起。

3）锅上火，加入清水、葱段、姜片、花椒、黄酒、盐，放入鱼头、鱼骨、鱼皮，煮沸，撇去浮沫，煮约10分钟，放入1个小米椒，再煮沸，取出小米椒，将煮鱼骨的汤用细汤筛过滤去渣，沉淀澄清后待用。

4）将吉利丁片用温水泡软，1个小米椒切成小粒，香菜梗切成小段。

5）将澄清后的原汤倒入锅中，放入泡软的吉利丁片，用小火熬煮至吉利丁片完全熔化，起锅倒入长方形玻璃盒中，均匀放入蒸熟的黄鱼小块、小米椒粒、香菜小段，晾凉，再放入冰箱，待其凝结成冻后取出，切成块，装盘即成。

5. 制作关键

1）黄鱼肉蒸熟后必须剔尽鱼刺。

2）煮鱼骨的汤必须过滤、沉淀、澄清后使用。

技能训练9　猪皮冻

菜肴类型：冷菜，菜品图见彩图6。

1. 烹法

煮、熬。

2. 质量要求

外表光滑，晶莹透亮，柔滑富有弹性，口味随调味而变。

3. 原料

新鲜猪皮1000克，水4000克，姜40克，葱80克，八角10克，桂皮5克，花椒5克，黄酒50克，盐10克。

4. 制法

1）将新鲜猪皮用温水洗一洗，皮面朝上，平放在砧板上，用刀刃反复刮几遍，以刮去毛囊中的油污，再用热水洗净。

2）将猪皮放入热水锅内焯水，煮沸约6分钟后捞出，稍放片刻，待不烫手后，用镊子镊净猪毛，再刮净猪皮内侧的肥膘，洗净。

3）将收拾干净的猪皮切成细条，放盆内待用；将八角、桂皮、花椒用沸水烫洗一下，捞出，与姜、葱一起用纱布包扎成香料包。

4）锅内放水，放入香料包、黄酒和猪皮，上旺火煮沸，改用小火煮1小时至猪皮酥烂，取出香料包，放入盐（如需让皮冻呈酱红色，可放适量的生抽和老抽），然后倒入容器中放凉，再放进冰箱保鲜室，待其完全凝固成冻。还有一种方法是：将煮至酥烂的猪皮取出，用绞肉机绞碎成蓉，再倒入汤中，用小火熬煮20分钟后倒入容器中放凉，再放进冰箱保鲜室，待其完全凝固成冻。第一种做法的皮冻中能看见猪皮，相对透明；第二种做法的皮冻中看不见猪皮，透明度较差。

5）将猪皮冻取出，用刀切成厚片或小块，装盘并适当点缀，配调味碟上桌即成。

5. 制作关键

1）必须选用新鲜猪皮，刮洗、镊毛要干净，要刮净肥膘。

2）必须焯水去异味，焯猪皮的水必须倒掉。

3）猪皮冻的软硬度可以通过水量的多少进行调节，要考虑熬煮时水会蒸发而减少。

4）姜、葱及香料最好用纱布包扎起来，且香料的量不宜过多，以免影响皮冻的颜色。

5）猪皮冻的调味碟可根据食客喜好，使用如蒜泥、姜末、葱花、香菜末、酱油、香醋、芝麻油、辣椒油、胡椒粉等多种调料调制。

技能训练10　牛蹄冻

菜肴类型：冷菜。

1. 烹法

煮、焖。

2. 质量要求

外表光滑，色泽酱红，富有弹性嚼劲，口味随调味而变。

3. 原料

新鲜牛蹄1只（约2500克），清水5000克，八角10克，桂皮5克，小茴香8克，花椒5克，香叶10克，胡椒粒10克，葱段100克，姜片100克，蒜瓣40克，生抽100克，老抽40克，黄酒200克，冰糖40克，盐10克。

4. 制法

1）将新鲜牛蹄剁（锯）成三四段，洗净，放入大锅内，加水淹没，放入葱段、姜片各50

克，黄酒100克，旺火煮沸约30分钟，取出，洗净。

2）将八角、桂皮、小茴香、花椒、香叶、胡椒粒、蒜瓣、余下的葱段、姜片用纱布包扎起来做成香料包。

3）大汤锅上火，倒入清水5000克，放入焯水后的牛蹄，放入香料包、黄酒煮沸，放入生抽、老抽、冰糖，盖上锅盖，改用小火煮焖约3小时至牛蹄酥烂，离火，取出牛蹄，放大盆内，稍晾凉，拆出牛蹄筋和肉（去除骨头），用刀切成厚片或小块，重新放入汤锅中，加盐，再用小火焖煮30分钟，捞出香料包，用勺撇去汤面上的浮油，倒入容器中放凉，再放进冰箱保鲜室，待其完全凝固成冻。

4）将牛蹄冻取出，用刀切成厚片，装盘，可适当点缀，配调味碟上桌即成。

5. 制作关键

1）牛蹄焯水要焯透，可放葱姜酒去异味。

2）牛蹄不宜煮至酥烂，要少煮多焖，时间可长些，汤汁消耗较多时，可适量添加开水。用高压锅煮焖比较省时快捷。

3）牛蹄酥烂后一定要拆去骨头，原汤可以用细汤筛过滤一下。

4）煮焖完成后要趁热撇去汤面上的浮油，可使其成冻后更清爽。

5）牛蹄冻的调味碟可根据食客喜好，使用如蒜泥、姜末、葱花、香菜末、酱油、香醋、芝麻酱、辣椒油、胡椒粉等多种调料调制。

3.3 制蓉胶

蓉胶又称缔子、糁子、腻子等，主要是动物性肌肉，也包括部分脂肪组织，经粉碎加工成蓉状后，加入水、蛋液、葱姜酒汁、盐等调辅料，搅拌上劲成具有黏性的胶状物料。蓉胶呈稳定的胶体状态。

3.3.1 蓉胶制品的特点及种类

蓉胶在烹饪中的应用十分广泛，既可以独立成菜，也可作为花色菜肴的配料和黏合剂。蓉胶的形成是对原料组织和风味进行优化和改良的产物，从加工制作到菜肴成品都与制蓉胶前的原料的特点不同。

1. 蓉胶制品的特点

1）可塑性增强，易于菜肴的造型。动物性肌肉经粉碎加工后，其组织结构发生了改变，成了颗粒细小的蓉状物体，经加水、加盐搅拌后产生了黏性，使可塑性大大增强，可制作多种形态的菜肴，如鱼圆、鱼线、虾丸、虾饼、鸡粥、鸡糕等。

2）黏性增大，利于菜品的定型和装饰点缀。蓉胶是一种黏稠状的复合物料，除了主料上劲后所具有的黏性外，蓉胶中还添加了蛋清、淀粉、肥膘蓉等辅料，增加了蓉胶的黏附能力，在制作酿菜、包卷菜、锅贴菜等花色菜肴时，蓉胶就是菜肴定型的黏合剂。许多热菜的点缀，如百花香菇、兰花鱼肚等菜肴都需要用蓉胶做中介物，使点缀装饰部分在受热过程中不易脱落。

3）易于成熟，缩短了正式烹调的时间。蓉胶的料形非常细小，且蓉胶中掺入了一定的水分，使蓉胶具有良好的导热性能，特别是一些质地细嫩的蓉胶菜肴，其加热成熟的时间很短，如果过火反而会发生口感变老、形态干瘪的现象。

4）便于食用，适用范围广。蓉胶原料中的纤维组织已基本被破坏，而且蓉胶菜中没有筋络和骨刺，所以口感都以细嫩爽滑为特色，既方便食用又利于消化吸收，尤其适合老人、幼儿等人群食用。

5）丰富了菜肴品种。将部分动物性原料加工成蓉并制成蓉胶，是对原料使用范围的扩展。用蓉胶做菜，可以变化出很多品种，也是菜肴创新的一个重要方面。

2. 蓉胶制品的种类

蓉胶依据不同的类别有多种分类方法，但每种蓉胶在相对独立的前提下，蓉胶与蓉胶之间也有一定的联系。行业中常见的分类见表3-1。

表 3-1　蓉胶制品分类

分类依据	蓉胶的品种	备注
原料品种	鸡蓉胶、虾蓉胶、鱼蓉胶、猪肉蓉胶、牛肉蓉胶	有多料混合蓉胶
原料形态	粗蓉胶（虾球蓉胶、狮子头蓉胶），细蓉胶（鱼圆蓉胶）	—
蓉胶色彩	单色蓉胶、双色蓉胶、多色蓉胶	利用食材天然之色上色
蓉胶弹性	硬质蓉胶、软质蓉胶、嫩质蓉胶、汤糊蓉胶	—
蓉胶辅料	干调蓉胶、水调蓉胶、蛋液蓉胶、蛋泡蓉胶	—
蓉胶成型	单层蓉胶、双层蓉胶、多层蓉胶、蓉胶包蓉胶	—

在实际应用过程中，多数蓉胶基本无法以某一种分类依据来进行归纳，一个具体的蓉胶菜肴与上述的种类都有一定的联系。从表3-2中可以看出它们之间的重叠和联系（以蓉胶的弹性为比照对象）。

表3-2 蓉胶的重叠和联系

品种	调制特性	原料品种	蓉胶特征
硬质蓉胶	干调蓉胶、水调蓉胶、蛋调蓉胶	虾肉、猪肉、牛肉、混合料	粗蓉蓉胶、细蓉蓉胶
软质蓉胶	水调蓉胶、蛋调蓉胶	鱼肉、鸡肉、虾肉、墨鱼肉	细蓉蓉胶
嫩质蓉胶	水调蓉胶、蛋泡蓉胶	鱼肉、虾肉、鸡肉	细蓉蓉胶
汤糊蓉胶	水、蛋混合调蓉胶	鸡肉、鱼肉	组蓉蓉胶

（1）硬质蓉胶　蓉胶的颗粒相对较大或调制蓉胶时加水较少，蓉胶的黏（浓）度较厚，适用于炸、煎、贴等烹调方法（肉蓉胶可以炖、焖、烧、蒸等），常见的代表菜有水晶虾球、软煎虾饼、清炖狮子头、鱼香肉丸、珍珠丸子、潮汕牛肉丸、酸菜羊肉丸等；也可用于煎贴类菜肴的黏合料，如锅贴鳝背、锅贴凤尾虾等。调制虾蓉胶时一般不加水，但要加蛋清、马蹄末、猪肥膘蓉等辅料，蛋清起黏合作用，马蹄末可增加蓉胶的口感，肥膘蓉使蓉胶更加油嫩。调制猪肉蓉胶时一般要加水，也要加蛋清，多选用猪五花肉，其肥瘦比例较合适；若选用猪瘦肉制蓉胶，一般需要加入适量的猪肥膘蓉，以改善硬质蓉胶的质感。

（2）软质蓉胶　蓉胶的颗粒极为细腻，掺水量比硬质蓉胶要多，一般适用于水汆、蒸、温油养等烹调方法，在烹饪中的用途很广，如鱼圆、鸡丸、鱼糕、鸡糕以及酿菜、包卷菜的辅料等。调制蓉胶时应根据具体菜肴灵活掌握掺水量和辅料品种，一般蒸制或做黏合剂使用的蓉胶，可加入蛋液、生肥膘蓉、淀粉、水等辅料；用于水汆的蓉胶（鱼圆），加水较多，也可掺入生肥膘蓉和少量蛋清。软质蓉胶的加热温度应控制在85～102℃，特别是水汆鱼圆的温度，应控制在90℃左右，如果沸腾，鱼圆会失去弹性，质地松散，口感变得粗老。

（3）嫩质蓉胶　在水调蓉胶的基础上加入打发蛋清，使蓉胶更加膨松软嫩、色泽洁白。制作嫩质蓉胶的原料多为新鲜的鱼肉、虾仁、鸡里脊肉等，必须将所用的原料加工成极细的蓉状，且首先用水、盐搅拌上劲，然后将打发的蛋清分次掺入蓉胶中，一般150克鸡里脊肉蓉可掺入150克水、3.5克盐、20克生肥膘蓉、6个打发的蛋清。如果是鱼蓉茭，肥膘可少一点；虾蓉胶则肥膘多一点，但不能加水。嫩质蓉胶适用于油汆、蒸、滑炒等烹调方法，如鸡蓉蛋、芙蓉鱼片、香炸云雾等都是嫩质蓉胶的代表菜品。嫩质蓉胶菜品在加热过程中的温度控制是制作的关键，一般应控制在100℃以内，油汆的菜肴要以中温油养熟，否则成品色泽变黄，容易干瘪；蒸制的菜肴要采用放汽蒸的方法，否则会破坏发蛋的结构，使蓉胶中的水分和气体排出，成品出笼后迅速变瘪，质感变粗。

（4）汤糊蓉胶　在鸡蓉或鱼蓉中加较多的水分或汤汁，再掺入蛋清、生肥膘蓉、淀粉，使蓉胶成稀糊状，一般150克鸡蓉或鱼蓉可掺入50克生肥膘蓉、3个蛋清、20克淀粉、350克汤汁。制作此蓉胶的肉蓉越细越好，可用细汤筛过滤掉稍粗的颗粒。调蓉胶时，蛋清不需打发，蓉胶也不需要搅拌上劲，加热时依靠蛋清、淀粉使菜品成粥状。鸡粥、鱼粥就是汤糊蓉胶的代表菜品。

3.3.2 制作蓉胶制品的技术要求

1. 选料用料

（1）原料的选择 制蓉胶的原料一般是鸡、猪、牛、羊、鱼、虾等蛋白质含量较高的动物类和水产类，并且以脂肪、结缔组织少的部位为佳。畜类动物应选用成熟期的肌肉组织，因为僵直期的肌肉pH下降，肌肉的持水能力低，口感粗硬，风味欠佳，不太适宜作为蓉胶的原料。实践证明，鲜活的动物肌肉在制蓉胶时不易斩成蓉泥状，肌肉的延伸性很差，同时吃水量少，黏性低，加热时容易散裂；成熟后的肌肉持水性增强，肉质软化，风味也显著增加。

（2）淀粉的使用 淀粉在蓉胶中起着重要的作用。蓉胶中添加少量的淀粉可使蓉胶黏性增大，提高持水的稳定性。淀粉糊化时所吸收的水分是蓉胶中与蛋白质变性后结合不够紧密的水分，因为蛋白质变性温度比淀粉糊化温度低，淀粉糊化所吸收的水分并不影响蛋白质变性所形成的网络结构，而是固定了结构以外的不稳定水分，保证了蓉胶的嫩度，并使蓉胶菜品在加热过程中不易破裂、松散。但添加的用量必须控制，用量过多会使蓉胶失去弹性，口感变硬变腻。

（3）鸡蛋的使用 鸡蛋一般与淀粉同时使用，以提高蓉胶的弹性和嫩度。鸡蛋可以提高蓉胶和淀粉之间的亲和力，增加蓉胶的黏性；鸡蛋还可增强蓉胶的乳化性，从而增强蓉胶的胶体性能，提高吸水能力；鸡蛋本身质感嫩滑，特别是鸡蛋清可使菜品更加洁白、光亮。鸡蛋投放时要分次加入，不可添加过量，否则会使蓉胶黏性下降，加热时不易成形。

（4）肥膘的使用 大多数蓉胶在制作中需要加入适量的肥膘以使成品油润光亮，形态饱满，口感细嫩，气味芳香。肥膘在剧烈震荡或加热时，脂肪会从组织中析出，并释放出香味。肥膘使用的量要根据蓉胶的品种灵活掌握。在蓉胶中脂肪、水、蛋白质发生乳化作用，形成均匀的混合结构，如果蓉泥中加入肥膘太少（特别是鸡肉和虾肉等脂质较少的原料），成菜质地粗老，如果蓉泥中加入肥膘太多，超出蛋白质的乳化能力，脂肪会析出，造成蓉胶松散。

2. 料水比例

制作蓉胶时，料水比例决定了蓉胶的硬度和黏度，其中，水的概念比较宽泛，除主料清洗或浸泡所带的水之外，还包括调制蓉胶使用的水、蛋液、黄酒、葱姜汁、蔬菜汁等液态的调辅料。由于制作蓉胶的主料不同、数量不同、所要求的硬度和黏度不同，加水的量也会相应地变化，但有一点是肯定的，加水量不能超过原料的吸水能力，否则蓉胶很难搅拌上劲。就常用的几类新鲜主料而言，其吸水率一般是：鱼肉类的吸水率为100%～150%，畜肉的吸水率为50%～80%，禽肉的吸水率为70%～100%，虾肉的吸水率为5%～10%。如果制蓉胶的主料是冰冻品，吸水率会降低。需要注意的是，在蓉胶调制过程中，水是分次添加的，而且只宜使用冷水（或冷汤），以便蓉胶上劲。

3. 掌握调味

1）制作蓉胶时都需要调味，除了葱、姜、酒、味精之外，盐的使用最为重要。蓉胶能否达到细嫩有弹性的质感，跟盐的浓度和投放时间有直接的关系。这里以鱼蓉胶为例，鱼蓉胶成品的弹性是由于鱼肉蛋白主要成分的肌球蛋白盐溶性的特性所形成的。食品工艺学的相关资料证明，形成鱼蓉胶最佳弹性的食盐浓度应在0.5～3摩尔/升之间，食盐可加强活性蛋白质的溶出，但对菜品来说，如果食盐浓度超过1.5摩尔/升，口味会变咸，所以控制在0.6～1.2摩尔/升的范围为佳。

2）调蓉胶时应先加水后放盐，如果在制作过程中先往鱼蓉中加盐，会导致鱼肉细胞内溶液的浓度低于细胞外的浓度，鱼蓉不仅吃水量不足，甚至会造成水分子向盐液渗透，出现脱水现象。所以，应先往鱼蓉里逐步加水并不断搅拌，使鱼肉细胞周围溶液的浓度低于细胞内的浓度，这样细胞内的渗透压就大于细胞外的渗透压，水在渗透压差的推动下，就能从细胞外向细胞内渗透，待到渗透平衡时，鱼蓉就吃够了水，再加盐搅拌上劲，这样做出来的鱼蓉胶菜肴鲜嫩而富有弹性。

4. 控制温度和 pH 范围

制作蓉胶的最佳温度一般在2℃左右，这个温度的蓉胶最稳定，最利于肌肉活性蛋白质的溶出。温度达到30℃以上，蓉胶的吸水能力下降，因为形成蓉胶嫩度和弹性的主要蛋白质——肌球蛋白，在加盐后对热很不稳定，所以调蓉胶夏天比冬天的难度要大一些，夏天的投水量也要稍少一点，有时把调好的蓉胶放入冰箱冷藏，使蓉胶更稳定、也更利于成型。在加热成熟时，也要控制好温度，如氽鱼圆时水的温度一般应在90℃左右，如果水沸腾，鱼圆会失去弹性，特别是加入发蛋的蓉胶菜，温度过高不但失去弹性，而且会出现外形干瘪和质感粗老的现象。此外，蓉胶的弹性与蓉胶的酸碱度有密切关系，pH在6以下弹性能力下降，pH在6.5～7.2范围内形成的弹性最强。

技能训练 11　清汤鱼圆

菜肴类型：汤菜。

1. 烹法

氽。

2. 质量要求

鱼圆直径约2厘米，大小一致，色泽洁白，质感软嫩，汤汁清醇，口味咸鲜。

3. 原料

（1）主料 草鱼肉250克。

（2）配料 净鲜冬笋50克，水发黑木耳30克，豌豆苗30克。

（3）调料 去皮姜块20克，葱白15克，绍酒10克，盐8克，味精1.5克，鸡清汤1000克，精炼油15克，熟鸡油15克。

4. 制法

1）将草鱼肉去皮，去除鱼红、筋膜、鱼刺，切成薄片，用刀背略排，用清水反复漂泡至鱼肉洁白，取出，控去水，用粉碎机打成细蓉。将去皮姜块、葱白拍松，放大碗内，加绍酒、适量清水制成姜葱酒水。将鱼蓉放入另一个大碗内，分两三次加入适量姜葱酒水调匀，再加入盐5克、味精1克搅拌上劲，加入精炼油搅匀（传统做法不加油）。净鲜冬笋焯水，切片。水发黑木耳、豌豆苗分别洗净。

2）炒锅洗净，舀入清水，将鱼蓉挤成鱼圆下锅，全部挤完后，将锅上火加热，将水温保持在90℃左右，使鱼圆成熟，捞起，控去水。原锅洗净，上火，倒入鸡清汤烧沸，下鲜冬笋片、黑木耳、豌豆苗、盐、味精调味，倒入鱼圆，汤沸装碗，淋入熟鸡油即成。

5. 制作关键

1）鱼肉要新鲜，要去除鱼红、筋膜、鱼刺，要漂净血水。

2）鱼蓉要细，加姜葱酒水、盐要适量，过量或不足均会造成失败。

3）挤鱼圆要掌握好形状及大小，要冷水下锅，中小火加热，并保持水温在90℃左右，养熟鱼圆。

4）在鱼圆制作过程中，既可徒手挤，也可借助汤匙挤，不必过于拘泥。若成熟的鱼圆暂时不用，可用冷水浸泡保存。

6. 菜肴变化

烩鱼圆、灌馅鱼圆、灌汤鱼圆、鱼蓉蛋等。

技能训练12 荆沙鱼糕

菜肴类型：热菜。

1. 烹法

蒸、烩。

2. 质量要求

色泽外黄里白，质感软嫩，口味咸鲜。

3. 原料

（1）主料　活青鱼1条（约1500克），猪肥膘250克。

（2）配料　鸡蛋5个，水发香菇10克，熟鲜冬笋20克，熟金华火腿5克。

（3）调料　干淀粉250克，葱段20克，葱白10克，姜30克（清水500克），黄酒15克，盐10克，鸡精 2克，白胡椒粉2克，精炼油30克，水淀粉10克。

4. 制法

1）将青鱼宰杀，去鳞、鳃、鳍，去内脏，洗净，剁下头尾，将中段从背部剖开成两片，剔去脊骨和胸刺，铲去鱼皮，取鱼肉两块，洗净，放在砧板上，用刀背排剁成粗蓉，剔去肉中的小刺，放清水中漂去血水，用双层纱布滤去血水，再清洗一次，挤去粗鱼蓉中的水。将猪肥膘切成细粒，再剁成肥膘细蓉。青鱼头尾、脊骨剁成块，洗净，待用。

2）取两个碗，将鸡蛋磕开，蛋清、蛋黄分开放。葱白切成末。水发香菇、熟鲜冬笋、熟金华火腿分别切成细丝。姜20克洗净，切成厚片，拍松，放大碗内，加清水500克抓匀，浸泡出姜味，过滤去姜，留姜水待用。其余的姜切成片。

3）将鱼蓉放大盆内，将蛋清用筷子打均匀倒入鱼蓉中搅拌均匀，分数次加入姜水并顺着一个方向搅拌，待鱼蓉呈较稠的粥状时，加入葱白末、少许黄酒、干淀粉搅拌均匀，再放入适量盐、鸡精、白胡椒粉，搅拌至鱼蓉黏稠时，放入猪肥膘蓉，再一起搅拌上劲，即成鱼蓉糊，最好放冰箱内静置30分钟左右，使其进一步上劲。

4）在蒸笼内铺上两层湿纱布，倒入鱼蓉糊，用刀抹平表面（鱼蓉糊厚约3厘米），抹光四边（尽量让鱼糕呈正方形，有利于后续改刀成块并减少边角碎料），盖上笼盖，用旺火沸水蒸30分钟，揭开笼盖，用干净纱布搌干鱼糕表面的水汽，将蛋黄打匀，均匀地抹在鱼糕表面，盖上笼盖，继续蒸5分钟取出，晾凉。

5）将晾凉后的鱼糕扣在砧板上，揭去纱布，将鱼糕切成6厘米长、4厘米宽、4厘米厚的鱼糕坯，可用于加工各式鱼糕菜肴。

6）炒锅置火上，放入精炼油20克，下葱段、姜片爆香，倒入鱼块煸炒，放黄酒、清水旺火煮成浓白的鱼汤，过滤去渣，留鱼汤300克左右，待用。

7）将鱼糕切成6厘米长、4厘米宽、0.5厘米厚的片，黄色的一面朝上，排在大盘内，上笼蒸6～8分钟。

8）炒锅上火，倒入鱼汤，烧沸后，放入水发香菇丝、熟鲜冬笋丝、熟金华火腿丝，加少许盐、鸡精、白胡椒粉调味，用水淀粉勾琉璃芡，淋少许精炼油搅匀，起锅浇在蒸好的鱼糕上即成。

5. 制作关键

1）宜选用鲜活的、肉多刺少的鱼，取其肉制成鱼蓉，除青鱼外，鳡鱼、鳜鱼、鲈鱼也是宜选的原料。

2）淀粉应选用色白、有光泽、无颗粒的绿豆淀粉或玉米淀粉。

3）剔除鱼皮后，要把鱼肉上的鱼红剔干净。

4）排剁鱼肉时可以用鲜猪皮垫在砧板上排剁，以免剁起木屑。

5）姜水一次不能加太多，要分次少量加。水加足后，再放盐搅拌上劲，搅拌时一定要顺一个方向旋转搅拌。

技能训练13 百花镶鸭掌

菜肴类型：热菜。

1. 烹法

煎。

2. 质量要求

此菜油煎而成，形似琵琶，色泽金黄，爽滑鲜香。

3. 原料

（1）主料 鸭掌24只，虾仁300克。

（2）配料 熟火腿蓉25克，香菜25克，蛋清1个。

（3）调料 蚝油5克，姜汁酒25克，白糖2克，白胡椒粉1克，生抽1克，干淀粉10克，水淀粉5克，味精2克，盐4克，芝麻油5克，鲜汤100克，精炼油300克（约耗40克）。

4. 制法

1）将鸭掌洗净，用清水浸漂15分钟，放入冷水锅中煮至七成熟，捞起，用冷水浸泡至常温。将鸭掌从掌背拆去骨，并将筋也撕干净，再放入沸水锅中，加入姜汁酒、盐略煮，捞起沥去水分，用干净毛巾吸干水分。

2）将虾仁洗净，放砧板上压成泥，放入碗中，加入盐、味精、姜汁酒、蛋清，搅拌上劲，挤成 24个丸子，放在撒有干淀粉的鸭掌背上，刮平成“琵琶形”，撒上少许熟火腿蓉，用手指轻轻按实。

3）炒锅置火上，倒入精炼油，将鸭掌面朝下排放入锅中，用小火煎，边煎边加少量精炼油，煎至金黄色，虾肉成熟，倒入漏勺中沥去油，把鸭掌整齐地排放在盘中。

4）炒锅复置火上，放入鲜汤、蚝油、味精、生抽、白糖、白胡椒粉，用水淀粉勾芡，淋入芝麻油，浇在鸭掌上，用香菜围边即成。

5. 制作关键

1）宜选用个头肥大、大小一致的鸭掌制作。

2）鸭掌不宜煮得过烂，以防出骨时形状不完整。

3）入锅煎制时，要控制好油温，以防煎焦。

技能训练14 软煎虾饼

菜肴类型：热菜。

1. 烹法

煎、烧。

2. 质量要求

虾饼形圆，大小厚薄一致，色泽微黄，质感软嫩，咸鲜味美。

3. 原料

（1）主料　鲜虾仁300克，猪肥膘30克。

（2）配料　净冬笋35克，去皮荸荠50克，水发香菇25克，鲜青豆15克，葱白段10克。

（3）调料　黄酒10克，葱姜汁15克，白胡椒粉2克，盐3克，味精10克，蛋清1个，鲜汤100克，干淀粉10克，水淀粉20克，精炼油500克（约耗40克）。

4. 制法

1）将虾仁洗净沥干水分，放砧板上压成虾蓉，再剁细，盛入碗中。去皮荸荠先拍碎，再剁成细蓉，猪肥膘剁成细蓉。虾蓉碗内加入猪肥膘蓉、荸荠蓉、盐、味精、白胡椒粉、葱姜汁、蛋清、黄酒、干淀粉搅拌上劲成虾缔。净冬笋、水发香菇分别切片。葱白段切成马蹄葱。

2）炒锅置旺火上，倒入精炼油烧至四成热（约120℃）时，将虾缔逐一挤成似荔枝大的圆球，放入锅内，用锅铲轻轻压成扁圆形，边煎边淋油，待虾饼体积稍微变大时，倒入漏勺内沥油。

3）炒锅复置火上，倒入少量精炼油，下马蹄葱爆香，放入冬笋片、水发香菇片、鲜青豆、鲜汤、虾饼烧沸，加盐、味精、白胡椒粉调味，移置小火上焖2~3分钟，再转至旺火上，用水淀粉勾芡，淋入少许精炼油，用手勺轻轻推动，起锅盛入盘中即成。

5. 制作关键

1）宜选用新鲜湖虾肉制作此菜。

2）虾蓉、猪肥膘都要剁得细腻，可使成品质嫩有弹性。

3）调制虾缔时，放鸡蛋清、少量葱姜汁，勿加水，要顺着一个方向搅拌上劲。

4）挤虾缔入锅前，要将锅炕热，并用油滑锅，以防虾缔粘锅。

技能训练15　鸡豆花

菜肴类型：汤菜。

1. 烹法

煮。

2. 质量要求

汤清见底，豆花悬浮于汤中，色泽洁白，质地细嫩，咸鲜味美。

3. 原料

（1）主料　鸡脯肉125克。

（2）配料　熟火腿末5克，鲜菜心5棵，蛋清4个。

（3）调料　鲜汤1500克，水淀粉40克，盐3克，味精2克，白胡椒粉1克。

4. 制法

1）将鸡脯肉剔去筋，批成薄片，放入清水中泡去血水，捞出斩成细蓉，放入大碗内，加入鲜汤调稀，再加入水淀粉、盐、打匀的蛋清搅成鸡浆；鲜菜心根部削尖，叶部修齐，放入沸水锅内烫一下，用清水浸凉，待用。

2）炒锅置火上，放入鲜汤，加入味精、盐烧沸，再将鸡浆搅匀倒入锅内，轻轻地推动几下，烧至微沸时将锅移至微火上焖10分钟，使鸡浆凝成雪花状成鸡豆花。在汤碗内放入菜心，再将鸡豆花舀在上面。锅内鲜汤加味精调味后倒入汤碗内，最后撒上火腿末、白胡椒粉即成。

5. 制作关键

1）宜选用嫩鸡脯肉制作此菜。

2）掌握好调制鸡浆时各种原料之间的比例。

3）加热时宜用中火加热。

技能训练16　鸡蓉蛋

菜肴类型：热菜。

1. 烹法

软熘。

2. 质量要求

洁白如雪，形圆饱满，嫩如豆腐，入口即化，口味鲜美。

3. 原料

（1）主料 仔鸡脯肉100克，猪肥膘10克，蛋清5个。

（2）配料 熟火腿丝5克，水发香菇丝5克，青菜叶丝5克。

（3）调料 黄酒10克，盐4克，味精1克，鲜汤50克，水淀粉10克，精炼油750克（约耗50克）。

4. 制法

1）将仔鸡脯肉批成薄片，放入清水中泡去血水，多换几次水，使其漂清，与猪肥膘分别斩成细蓉，一起放入碗内，加黄酒、盐、味精，搅拌均匀。

2）将蛋清放入碗中，搅打成发蛋，放入鸡蓉中拌匀。

3）锅上火，倒入精炼油，烧至110℃时将鸡蓉挤成蛋形放入锅内，待外表凝结变硬，倒入漏勺内沥油。

4）锅复上火，放入精炼油、鲜汤、黄酒、盐、味精、熟火腿丝、水发香菇丝、青菜叶丝，烧沸后用水淀粉勾芡，将鸡蓉蛋倒入锅内，轻轻颠锅后，滑入盘中即成。

5. 制作关键

1）选用仔鸡的鸡脯肉和新鲜的草鸡蛋制作此菜。

2）打发蛋时要打至发蛋中插竹筷能立住为准。

3）鸡蓉入锅形状应大小一致。

4）油温应控制在四成热左右。

复习思考题

1. 简述汤的制作原理与注意事项。
2. 简述浓白汤制作的技术要求。
3. 简述高级清汤制作的技术要求。
4. 简述冻胶的制作要领。
5. 简述猪皮冻的制作流程与制作关键。
6. 简述蓉胶的形成机理。
7. 简述制作蓉胶制品的技术要求。

项目 4

菜肴制作

菜肴制作

- 热菜制作
  - 宴会热菜的构成
  - 宴会热菜的组配原则
  - 拔丝、蜜汁、扒、煨、炖、塌、糟、烤、焗等烹调方法的技术要求
  - 技能训练1　拔丝苹果
  - 技能训练2　拔丝山药
  - 技能训练3　蜜汁橄榄红薯
  - 技能训练4　诗礼银杏
  - 技能训练5　红扒肘子
  - 技能训练6　扒三白
  - 技能训练7　甲鱼煨猪蹄
  - 技能训练8　板栗煨老鸭
  - 技能训练9　清炖蟹粉狮子头
  - 技能训练10　清炖人参鸡
  - 技能训练11　锅贴金钱鸡
  - 技能训练12　锅贴鱼片
  - 技能训练13　锅塌鲈鱼
  - 技能训练14　锅塌香蕉
  - 技能训练15　糟香螺片
  - 技能训练16　糟熘鱼片
  - 技能训练17　烤羊腿
  - 技能训练18　烤鸡翅
  - 技能训练19　盐焗鸡
  - 技能训练20　盐焗三文鱼
  - 技能训练21　芝士焗南瓜
  - 技能训练22　宴会菜单（含热菜）实例
- 冷菜制作与食品雕刻
  - 挂霜、琉璃、糟等烹调方法的技术要求
  - 花式冷菜的拼摆原则及要求
  - 食品雕刻使用的原料及雕刻种类
  - 宴会冷菜的构成及组配原则
  - 技能训练23　挂霜生仁
  - 技能训练24　酱酥桃仁
  - 技能训练25　琉璃山药
  - 技能训练26　琉璃小番茄
  - 技能训练27　糟香仔鸡
  - 技能训练28　糟香毛豆
  - 技能训练29　孔雀拼盘
  - 技能训练30　锦鸡拼盘
  - 技能训练31　鲤鱼拼盘
  - 技能训练32　蝴蝶拼盘
  - 技能训练33　宫灯拼盘
  - 技能训练34　花篮拼盘
  - 技能训练35　荷叶拼盘
  - 技能训练36　梅花拼盘
  - 技能训练37　帆船拼盘
  - 技能训练38　牡丹花
  - 技能训练39　月季花
  - 技能训练40　菊花
  - 技能训练41　荷花
  - 技能训练42　马蹄莲
  - 技能训练43　玉兰花
  - 技能训练44　鸳鸯戏水
  - 技能训练45　长尾鸟
  - 技能训练46　凤凰
  - 技能训练47　热带鱼
  - 技能训练48　虾趣
  - 技能训练49　宴会冷菜菜单实例

菜肴制作就是采用适当的加工方法和烹调方法对原料进行加工处理并制成菜肴的过程。菜肴制作包括热菜制作和冷菜制作两个方面。

4.1 热菜制作

热菜制作是指烹饪原料经初加工、细加工、配菜之后，采用适当的烹调方法对菜肴生坯进行加热、调味、成菜、装盘的过程。热菜是宴席中的主体菜肴，决定着宴席的规格和档次。热菜制作由炉灶上的厨师完成，其最主要的特点就是要有热度，要有锅气，要趁热上桌，趁热食用。一道精美的热菜往往以原料新鲜、刀工精细、组配合理、烹调到位、风味独特、色彩绚丽、造型优美等因素，吸引众多的客人。

4.1.1 宴会热菜的构成

宴会热菜主要由汤羹、热炒菜、大菜、甜菜四部分组成，其品种、数量或价格（不包括酒水价格）通常占宴会菜点的60%～70%，是宴会中十分重要的菜肴，也最能反映宴会的规格档次。

1. 汤羹

汤羹是汤与羹的合称，是宴会热菜中必备的一类菜式。汤和羹是不一样的。汤是指将初加工后的原料加清水，经炖煮等方法烹制而成的汤汁较多且无须勾芡的菜品，如鸡汤、鱼汤、牛肉汤、排骨汤、海鲜汤、蔬菜汤等；羹是指将初加工后的原料加清水，经炖煮等方法烹制而成的汤汁比较多且需要勾芡使汤汁黏稠的菜品，如山药鸭羹、羊肉羹、西湖牛肉羹、莼菜鲈鱼羹、海鲜羹、蟹黄豆腐羹等。原料中如果有骨头、鱼刺或贝壳，必须在烹调前或成熟后剔除，并将原料加工成比较细小的形状，如小丁、丝、粒、小片等，才能制羹。汤中的原料是可以有骨、有刺、有壳的；羹中的原料无骨、无刺、无壳。汤无须勾芡，故汤水稀薄；羹要勾芡，故汤水黏稠。汤与羹一般均采用炖、煮、煨、氽等烹调方法成菜。宴会中，冷菜之后就可以先上汤或羹，也可以先上羹后上汤。多数情况下，一场宴会最多上两道汤，一道首席汤，一道尾汤，或先上一道羹，最后再上一道汤。先上的汤或羹，用料都比较精致、高档，味道也好，能起到先声夺人的作用。

2. 热炒菜

热炒菜通常是指旺火速成类的菜肴，原料多加工成丁、条、丝、片等形状，一般需要上浆、挂糊或拍粉，多采用炒、爆、熘、炸、烩等烹调方法制成菜肴，如玉带虾仁、葱爆羊肉、糟熘乌花、糖醋咕咾肉、香炸鱼排、菌菇烩三鲜等，多明油亮芡，滑嫩爽口或酥脆干香，常用平盘装盛。在宴席中，热炒菜可紧随汤羹之后上席，也可与大菜穿插上席，其品种一般设定在4～6道之间，主要用以佐酒。

3．大菜

大菜又称主菜、座菜、压轴菜等，即所谓的“硬菜”“大件”，是宴席中最重要的菜肴，也是价格高，做工相对复杂的菜肴。使用人们常说的鲍翅参肚、整鸡整鸭、肘子火腿、龙虾螃蟹等原料，采用扒、烧、炖、焖、煨、蒸、烤、炸等方法烹制成菜，并用大盘、大碗、大餐具盛装，展现主体，突出风味，体现特色，是真正决定宴席规格和档次的菜肴。关于大菜，行业内有10道下酒大菜、12道经典大菜、16道宴客大菜、18道看家大菜等多种说法，又有头菜、二菜、三菜等依次排列的习惯，如头菜以海参为主料，则宴席可取名为“海参席”，以鲍鱼为主料，则宴席取名为“鲍鱼席”等；还有以某一种或某几种特色主料或名菜大菜构成的宴席，如鳝鱼席、全鸭席、全羊席、全鱼席、燕翅席、三头宴、鉴真素宴等。按照目前我国餐饮市场宴席的规格，大菜的品种一般设定在10～16道之间，具体安排多少品种还要根据热炒菜品种的多少进行调节，热炒菜品种略多，大菜品种可略少，反之亦然。大菜的质量对宾客的食欲和情绪影响较大。

4．甜菜

甜菜也是宴席中经常出现的一类菜品，所占比重很小，其品种一般设定为一两道，低档宴席也可略去。甜菜一般多采用拔丝、蜜汁、挂霜、蒸、煮、炸、煸炒等方法烹制而成，以甜为主，可起到调节口味的作用，如拔丝苹果、蜜汁红薯、蜜汁芋艿、挂霜桃仁、炸荷花、八宝饭、蜜枣扒山药、冰糖银耳、脆皮哈密瓜、炒青豆泥、红豆糖水等。在有些地区，甜菜上席就意味着菜品已上齐。

4.1.2　宴会热菜的组配原则

1．应符合营养学要求

配菜时要注意六大营养素的全面和均衡，注意食物中膳食纤维的量，也就是动物性原料和植物性原料之间的比例要恰当，做好荤素搭配，即一道菜肴里有荤有素，一组菜里有荤有素，一桌菜里更应有荤有素，而且应注意提高蔬菜、水果在宴席中所占的比例，提倡“两高三低”（高蛋白、高维生素、低热量、低脂肪、低盐）。蔬菜在菜肴中出现的形式有三种：第一种是作为主料，如鱼香茄子、香菇菜心等；第二种是作为配料，如尖椒肉丝、番茄牛腩等，是以肉丝、牛腩为主料，以尖椒、番茄为配料烹制而成；第三种是作为围边、点缀、盛器原料，如冬瓜盅就是以冬瓜为盛器的一道菜，不仅冬瓜盅里面的菜可以吃，冬瓜盅本身也可以食用，又如酿丝瓜是以丝瓜为主要原料，挖空其瓤，将虾蓉酿入其中烹制而成。

2. 根据宴会规格配菜

宴会的规格有多种，国宴为最高规格，其他宴会的规格通常按宴席的价格高低来确定。正常规格的宴席，配菜时应该本着质价相等、粗菜细做、细菜精做的原则，确定宴席菜肴的质量和数量。价格高的宴席，所用原料的档次高，特色菜肴的品种较多，每道菜肴的量不大，主要是品尝，故做工应精致。反之，宴席档次低，原料普通，价格也较低，菜肴品种少，每道菜肴的量多，主要是实惠，故做工比较简单。

3. 根据就餐对象配菜

宴席组配人员编制菜单时首先应考虑因人配菜，这是宴席设计和制作的第一步。要通过调查研究，了解宾客的国籍、民族、宗教、职业、年龄、性别、体质和嗜好忌讳等，并依此灵活掌握，确定品种，重点保证主宾，同时兼顾其他人。例如宾客是四川人，在安排菜肴时，应增加麻辣味型的菜，如使用“鱼香”“家常”“香辣”等味型菜肴，既突出了川菜的风格特点，又满足了客人的口味要求。又如宾客是日本人，他们多数不喜欢荷花，在制作花色菜肴时就应避免使用荷花；而大多数日本人喜食豆腐及蔬菜，在宴席组配菜肴时应加以考虑。还有参加宴席的宾客有各式各样的心理需求，有的注重经济实惠，有的注重环境因素和餐厅档次，有的注重餐厅独特的美味佳肴，有的想体验宴席文化氛围。宾客对宴席的心理需求也是宴席组配时应考虑的一个方面。

4. 注意热菜色彩搭配

热菜色彩是反映菜肴质量的重要指标之一，菜肴的营养、卫生、风味特征都会或多或少地通过菜肴色彩被客观地反映出来，从而对人的饮食心理产生极大的影响。好的菜肴，色彩也美，或柔和，或绚丽。热菜的色彩分为冷色调和暖色调两类。在色彩的七个标准色中，接近于光谱红端区的红、橙、黄为暖色，接近紫端区的青、蓝、紫为冷色，绿色为中性色彩。在具体的色彩环境中，各种色彩的冷暖也是相对的，两种色彩的对比，常常是决定冷暖的主要因素，例如紫色在红色环境里为冷色，而在绿色环境里又成了暖色；黄色对比于青、蓝为暖色，而对于红、橙又偏冷。在感情上，暖色与热情、乐观、兴奋相关；冷色则与深沉、宁静、健康相关。

热菜色彩搭配，首先要确定其色彩“基调”。配菜通常以主料的色彩为基调，以辅料的色彩为辅色，起衬托、点缀作用。主配料之间的配色有同类色的组配和对比色的组配两种形式。

（1）同类色的组配 也称顺色配菜、顺色配，即主料、配料是同类色的原料，它们的色相相同，只是光度不同，非常相像、相似，产生协调而有节奏的效果。如韭黄炒肉丝，由韭黄、猪里脊肉丝两种主配料组配而成，成熟后韭黄呈淡黄色，肉丝呈乳白色，经芡汁包裹，水油糊化淀粉交融在一起，透出淡淡的奶黄色，色泽光亮，给人以和谐、顺畅、清新的感觉；糟熘三白是由鸡片、鱼片、笋片组配而成，成熟后的三种原料都显现固有的白色，色泽近似，鲜亮清爽。

（2）对比色的组配　也称花色配、异色配，是把两种或两种以上不同颜色的原料组配在一起，成为色彩绚丽的菜肴。在色相环上相距60度以外范围的各色称为对比色，其他称为调和色，对比色可分为同时对比和连续对比等多种关系。依据这个原理，可以将原料经组合排列成多种不同的菜肴，也是配菜经常采用的一种方法。配色时一般要求主配料的色差要大些，比例要适当，配料应突出主料的颜色，起衬托、辅佐的作用，使整个菜肴色泽分明，浓淡适宜，美观鲜艳，色彩和谐，具有一定的艺术性。如三丝鸡蓉蛋，主料鸡蓉蛋色泽洁白，配以火腿丝、香菇丝、绿菜叶丝，色彩和谐，将鸡蓉蛋衬托得更加洁白。

5. 注意热菜烹法搭配

热菜的烹法也有多种，如旺火速成的烹法：炸、熘、爆、炒、烹、煎、贴、塌、烩、汆白灼等；如小火慢成的烹法：扒、烧、炖、焖、煨、煮、蒸、烤等。这些烹法可以制作非常非常多的热菜，在一桌宴席中，虽不至于每种烹法都用，但也要有意识地安排多种烹法用于相应的热菜制作。烹法不同，热菜的特色也不同。就热菜质感而言，滑炒的菜，质感滑嫩；油炸的菜，质感酥脆；炖焖的菜，质感酥烂等。此外，热菜还包括滋汁不同、汤水不同、口味不同、颜色不同等。因此，在一桌宴席的热菜制作中应该多采用不同的烹法，更能体现宴席热菜的不同特色。

6. 注意热菜口味搭配

热菜口味是人们通过味蕾进行鉴别的，是菜肴质量评价的重要指标，堪称菜肴的灵魂，一菜一味，百菜百味。原料经烹制后具有各种不同的味道，其中有些是人们喜欢的，需保留发挥；有些是人们不喜欢的，需采用各种方法去除或改变其味道。这就需要对菜肴的口味进行适当的搭配，以适应人们对味道的要求。

（1）淡味原则　即突出主料的本味，以清淡咸鲜口味为主，所需调味品的品种不多，常用葱、姜、酒、盐、味精、淀粉等，菜肴的用盐量较少，汤、羹、烩、煮等菜肴一般含盐量在0.8%左右，炒、爆等菜肴含盐量稍多，达2%左右。这类菜肴的主料需鲜活并且口味较好。

（2）浓味原则　即突出调味品的口味，以口味浓郁、辛辣刺激为主，起调节口味、增进食欲的作用。所需调味品的品种较多，数量较大，以复合味居多。

（3）适口原则　我国地大物博，各地有各地的风俗习惯和风味特点，各地的口味也有一定的差异，菜肴所配制的口味必须符合当地人们的口味，符合大多数人味觉习性的需要。

（4）适时原则　即符合人们在不同的时令季节对口味的需要，一般夏季清淡，冬季浓烈，春秋季适中。因为人的生理变化与季节的变化紧密联系，所以要随着季节的变化要做相应的调整。

7. 注意热菜形状搭配

热菜形状搭配是指将各种加工好的原料按照一定的形状要求进行搭配，组成一个特定形状的菜肴。热菜形状的搭配，对菜肴的外观、烹调时间和成品质量都有直接的影响，是配菜的一个重要环节。热菜形状搭配时应根据烹调时间长短决定原料的形状大小。烹调时间比较短的菜肴，组配的原料形状，宜小不宜大，宜薄不宜厚，宜细不宜粗；烹调时间较长的菜肴，组配的原料形状，宜大不宜小，选用整形或块形稍大的一些原料，如整鸡、整鸭、整鱼、整蹄以及相应的块状等。

根据相似相配的原则，所配的主料、配料应相似相近，和谐顺眼，具有一定的规律。

1）料形必须统一。按照料形统一的要求和烹调的需要确定主料的形状，从而在每一道菜肴中，丁配丁、丝配丝、条配条、片配片、块配块，使主配料形状基本一致。

2）配料服从主料。配料的形状大小不能超过主料。一些原料成熟后体积有所变化，生料的体积应考虑这一因素配得稍大或稍小一些，使成熟后的形状符合要求。对于一些成熟后变成花形、卷曲形的主料，配料的形状可根据实际情况进行加工，如柳叶片、秋叶片、菱形片、三角片、月牙片等，也可以加工成小球形、橄榄形等。

3）既要考虑单个热菜的原料形状，也要考虑整体宴会热菜的形状效果。要巧妙选料，合理运用。

4.1.3 拔丝、蜜汁、扒、煨、炖、塌、糟、烤、焗等烹调方法的技术要求

1. 拔丝的技术要求

拔丝是在适量的水或油中加入适量白糖，用中小火加热并适当搅动至白糖熔化成色泽淡黄或金黄的黏稠糖浆，再放入原料炒匀后能拔出糖丝的方法。拔丝是烹调方法中的一种特殊技法，多用于甜菜制作，原料与白糖的比例一般为3：1。常见的拔丝方法有水拔、油拔、水油拔等。拔丝是使白糖熔化成糖浆的变性加工，具有不可逆性。熬糖时需要掌握的技术要领主要有：锅要干净，要光滑；白糖与水或油的用量比例要恰当；要掌握好火候，宜中小火加热；要把握好搅动的范围和频率；要正确识别糖浆的颜色、黏稠程度、气泡大小、出丝温度；加两三滴白醋可使拉出的糖丝较长。

（1）水拔　先用少量精炼油滑锅后，用干布擦去余油，再放入清水30毫升和白糖120克，中火加热，并用手勺不停地搅动，使其受热均匀，但搅动频率不宜太快，否则锅内温度下降也快，不利于白糖熔化。待糖浆出现大泡，搅动的感觉与搅清水差不多时，白糖便完全熔化，此时改用小火继续熬制，随着糖浆里的水分蒸发，糖浆的浓度增大，开始变稠，搅动会略显吃力，继续搅动片刻后，糖浆大泡减少，变成小泡，并由稠变稀时，用手勺舀起糖

浆，悬于锅的上方，让糖浆徐徐倾入锅中，当出现似断线的糖丝时，糖浆就熬好了，应迅速投入主料挂匀糖浆。此时糖浆的温度应该在160～170℃。水拔的特点是色泽明亮，丝细绵长，比较耗时。

（2）油拔 油拔是用精炼油作传热介质熔化白糖并使其出丝的方法，也是用得较多的一种方法。具体方法是：干净锅中火烧热，放油滑锅，倒出油，重新放油6克，待油稍热时，放入白糖120克，并用手勺轻轻搅动，使其逐渐熔化，待白糖完全熔化成糖浆时，改用小火加热，将糖浆熬至微黄色，待泡沫又大又多时，可将炒锅离火，继续搅动，糖浆很快由稠变稀，并呈金黄色，此时温度应在180℃左右，是出丝的最佳阶段，手勺舀起糖浆滴落下来，能形成直线并且不断线时，迅速投入主料颠锅，挂匀糖浆即可。油拔的特点是色泽金黄油亮，比较快捷，但不易掌握，若油量略多，糖浆易焦，附着力也差，易脱落，甚至拔不出丝来。

（3）水油拔 先往干净炒锅里放6克精炼油，中小火烧至四成热，放入120克白糖稍炒片刻，加清水15毫升搅炒均匀，炒至水分蒸发、糖浆变成金黄色时，投入主料颠锅，挂匀糖浆即成。

2. 蜜汁的技术要求

蜜汁是将适量的白糖、蜂蜜或麦芽糖等原料与适量清水混合并加热使其熔化成黏稠糖汁的一种加工方法，也是一种甜味调味汁。蜜汁调制的用料主要有白糖、蜂蜜、麦芽糖和水，根据所制菜品的需要，也可适当加入桂花酱、玫瑰酱、草莓酱、椰子酱、牛奶、炼乳、熟芝麻等，还可以使用少量姜汁和蜜饯制品，有时为了提高蜜汁的黏稠度、光泽度，还需要适当勾芡并添加少量的植物油。有三点需要说明：蜜汁中有时用到蜂蜜，有时也不一定使用蜂蜜；蜜汁中加少许盐可以更加突出甜味，行业中有“要得甜，加点盐”之说；蜜汁中加入姜汁或姜片以及桂花酱、玫瑰酱等主要是为了增添风味。

蜜汁调制的方法比较简单，常用的调制方法是：将麦芽糖250克、白砂糖750克、姜汁2克、清水750克放在同一个锅里，上火煮至微沸，边煮边搅，直至麦芽糖、白砂糖全部熔化即成。还有一种方法是将白糖200克、清水200克、盐1克放在同一个锅里，上火煮至微沸，加蜂蜜100克，边煮边搅，待白糖全部熔化后，用少许水淀粉勾芡使糖汁黏稠即可。

用蜜汁的味型和方法可以制作出多种菜肴，口味或纯甜，或偏甜，或甜咸适中等，因原料性质和成品要求的不同，加热的主要方式有以下几种。

1）蒸制成菜。将初加工好的原料与调制好的蜜汁一起放入容器内，入蒸箱蒸至主料熟透酥烂，取出，将蜜汁滗入炒锅内，将主料翻扣在汤盘中，用旺火将锅内蜜汁收至黏稠，浇在盘内主料上即成，如蜜汁山药、蜜汁芋艿等。

2）焖烧成菜。将炒锅上火，放入少许油烧热，放白糖炒至浅黄色，按规定比例加入清水烧沸，放入初加工好的原料，再沸后改用中小火焖烧，直至原料酥烂、蜜汁起泡并黏稠时，出锅装盆即成，如蜜汁排骨、蜜汁鸡翅等。

3）炖煮成菜。将调制好的蜜汁放入锅内，再放入已经成熟的主料，用小火慢炖慢煮，直至主料酥烂、蜜汁浓稠，使主料内部渗入蜜汁、外面包裹蜜汁，如蜜汁湘莲、蜜汁银杏等。

4）烤制成菜。将腌制好的主料先入烤箱烤熟，然后刷上蜜汁，复烤片刻，上色即可。也有将烤制好的主料趁热浸泡在蜜汁中，待浸泡入味后，取出，改刀装盘即成，如蜜汁叉烧、蜜汁烤鹌鹑等。

3. 扒的技术要求

扒是将经过预熟处理和刀工处理的原料整齐地放入锅中或排入扣碗中，经烧制或蒸制使原料酥烂入味、卤汁黏稠，以完整或整齐形状装盘的一种烹调方法。扒通常用于宴席大菜的制作，用料范围很广，高档的有鲍翅参肚，普通的有禽畜鱼虾，既可以选用整型原料，如海参、鲍鱼、整鸡、整鸭、猪头、肘子、牛方、羊腿、鹿筋等，也可以选用无骨的小型原料，如鱼肚、松茸、芦笋、白菜、肥肠、鱼脯等，可荤可素，荤素结合。无论是烧扒、蒸扒，还是红扒、白扒，或是葱扒、蚝油扒、酱汁扒、奶油扒、五香扒等，最关键的技术要求如下。

1）原料必须进行预熟处理和刀工处理，有些还需要提前腌制。

2）成菜装盘后，整型的要完整，小型的要整齐。

3）要掌握好火候，主料质感要酥烂、软烂、软嫩、软糯、软滑。

4）要掌握好调味，要使用高汤、浓汤或原汤，要做到滋味醇厚，浓而不腻，“用油不见油”。

5）要控制好卤汁的量和黏稠度，要收汁，掌握好芡汁的厚薄，使卤汁明亮。

6）锅扒需要熟练的大翻勺技术。

4. 煨的技术要求

煨是将经过初加工的原料放入锅中，加足量汤水，旺火烧沸后，再用中小火长时间加热至原料酥烂成菜的烹调方法。煨制多采用砂锅、瓦罐、陶罐做炊具，突出原汁原味，适用于质地较老、脂肪较多的动物性原料，如老鸡、老鸭、火腿、肘子、猪蹄、猪肚、牛蹄、牛腩、甲鱼等。煨制的菜肴汤宽汁浓，口味鲜醇，既有红煨，类似于红焖，使用酱油、糖色、南乳汁等有色调料，多需要勾芡，成菜色泽红亮；也有白煨，俗称煨汤，类似于炖煮，使用盐为主的无色调料，无须勾芡，成菜多原色，汤汁浓白。煨的加热时间较长，一般在1～2小时，技术要求如下。

1）宜选用新鲜的脂肪较多的动物性原料。

2）主料可以是整型原料，但多数应加工成块、段等形状。

3）多数原料需要经过焯水处理，少数原料可以先煸后煨。

4）宜采用砂锅、瓦罐、陶罐做炊具煨制，汤水一次加足，不宜中途加水。

5）旺火烧沸后宜用中小火加热，使汤汁变浓。

6）红煨多需要勾芡，白煨无须勾芡。

5. 炖的技术要求

炖是将经过初加工后的原料放入锅中，加适量清水及调辅料，旺火烧沸后，用小火长时间加热至原料成熟软烂的烹调方法，有清炖、侉炖之分，有隔水炖、不隔水炖之别。其中，清炖包括隔水炖和不隔水炖，汤汁多清澈；侉炖属于不隔水炖，汤汁混浊浓白。炖制时多用砂锅、陶罐做炊具，以新鲜畜禽肉类为主料，兼及部分鱼虾蟹类原料，若加配料，一般选用根茎类蔬菜，小火长时间加热1～3小时，成菜汤水较宽，主料软烂，口味咸鲜。

清炖中的隔水炖是将焯水洗净后的原料放入陶钵内，加葱、姜、黄酒和清水，加盖，用湿桑皮纸封口，将陶钵放入水锅内（水锅内的水要低于钵口，以水沸后不浸入钵内为准），盖严水锅的盖，以旺火煮水并使其不断滚沸，炖2～3小时原料软烂即可。炖制好的菜品香鲜味足，汤汁清澈。还可将密封好的陶钵放在蒸箱内蒸至原料软烂，行业称之为蒸炖（实即蒸），效果也佳。清炖中的不隔水炖是将初加工后的原料经焯水处理并洗净，再放入陶制炊具内，加葱、姜、酒和清水（原料与清水的比例一般为1：2左右），加盖，直接置于中火上煮沸，撇去浮沫，改小火炖至原料酥烂。

侉炖是将初加工后的原料经挂糊油炸后，放入砂锅内，加适量汤和调料，上旺火烧沸后，撇去浮沫，加盖，改用中小火炖制成菜的烹调方法。成菜汤汁混浊浓白，味道醇厚鲜美， 如侉炖鸡、侉炖鱼等。侉炖是否归属于炖，业内尚有争议，但这种方法在北方一些地区普遍使用，也有很大的影响。炖具体的技术要求如下：

1）宜选用新鲜畜禽肉类为主料，畜肉类多加工成大块，禽肉类除鹅一般不整只使用外，其他禽肉类既可整只使用，也可剁块使用，有些还可以加工成肉蓉，制成饼状、丸子等。

2）清炖的主料大多数必须先焯水断生，去除原料中的血污浮沫和异味，洗净漂清后使用；侉炖的主料大多数经过挂糊油炸。

3）炖时要一次加足水量，不宜中途开盖加水。

4）炖时只加清水和调料，不加盐和带色调料，待原料软烂后再进行调味。

5）用小火长时间加热1～3个小时，使原料软烂。

6）不隔水炖不宜用旺火，汤沸后立即改用小火炖。否则汤会变白，失去汤清的特色。

6. 塌的技术要求

塌也称锅塌，是将加工成扁平状的原料进行腌渍、拍粉、挂全蛋糊，制成生坯，用小火温油将其煎熟，煎成两面金黄色后，再加适量鲜汤和配料，用小火将汤汁塌入主料的一种烹调方法。锅塌菜肴多扁平状外形或整形，具有色泽金黄、酥软柔嫩、香鲜味浓的特色。代表菜肴有锅塌里脊、锅塌虾仁、锅塌银鱼、锅塌豆腐、锅塌黄花鱼、锅塌鲈鱼等。做好锅塌菜肴的技术要求主要有以下几点。

1）宜选用质地比较细嫩的原料。

2）原料宜加工成扁平状以便于腌渍入味和煎制成熟。

3）原料生坯可以是单层，也可以是两层或三层，层与层之间一般用调制好的虾蓉、鱼蓉、鸡蓉或猪肉蓉等蓉胶作为黏结剂，生坯外必须先拍干粉，后挂全蛋糊，既可以防止原料在煎制时散碎，也可以增加菜品的香味和颜色。

4）煎制时最好使用平底不粘锅，宜小火慢煎，要煎至两面均呈金黄色。

5）加入鲜汤塌制时，如有少量配料可一同下锅，宜中火加热，边塌边旋晃不粘锅，使主料受热均匀，使汤汁除挥发外，其余都被主料吸收。

7. 糟的技术要求

糟即酒糟，指做酒剩下的渣子，有白糟、红糟之分。白糟为绍兴黄酒酒糟加工而成，随着储存时间延长，色泽渐黄，香味渐浓；红糟产于福建，因酿酒时加入红曲米，故色泽鲜红，酒香浓郁。糟用于烹饪，主要用的是香糟汁。香糟汁是用陈年酒糟为主体，再配入适量的花雕酒、黄酒以及不同比例的香料、调料，经搅拌浸泡，二次发酵，再过滤“吊”制而成，行业内称“吊糟”。吊制好的香糟汁，汁液透明、清澈无沉淀，色泽呈琥珀色、茶色或枣红色，糟香浓郁，滋味纯美，调味用途广泛，既可用于荤菜，也可用于蔬菜；既可用于热菜，如糟熘、糟煎、糟蒸等，也可用于冷菜，如糟腌、糟醉、糟浸等，还可以作为蘸料。除香糟汁外，还有一种糟油，用500克精炼油将50克糟泥化开，用小火边熬边搅，熬至糟泥中的水分耗干后滤渣即成。香糟汁的吊制方法大致分成两类。

1）不加香料和调料的香糟汁，是将酒糟倒入容器，加入适量的花雕酒、黄酒，搅拌均匀，密封浸泡，时间越久，吊出的糟汁香味越浓，使用前用双层纱布过滤掉酒糟渣即成。

2）加香料和调料的香糟汁，是将酒糟倒入容器，加入适量的花雕酒、黄酒，以及糖桂花、白糖、葱、姜、香叶、八角、盐、味精、凉开水等，搅拌均匀，密封浸泡，时间越久越香，使用前用双层纱布过滤掉酒糟渣即成。

糟的技术要求包括吊糟技术要求和用糟做菜技术要求，主要有以下几点。

1）酒糟要加适量花雕酒浸泡，加适量凉开水稀释。

2）酒糟、花雕酒、凉开水的比例一般为1：3：1，但不同地区，不同厨师，用于不同菜肴，该比例会有小幅度的调整。

3）调制好的香糟汁，要密封，放进冰箱或保鲜库静置12小时以上，最好3～5天，使其二次发酵，这样吊出来的香糟汁更香。

4）若要放香料，要控制好用量，宜少不宜多，以免出现酸苦味，可放适量白糖、糖桂花或苹果片调整味道。

5）吊糟时，要用洁净的双层纱布过滤，然后再沉淀澄清，使香糟汁清澈。

6）用于制作热菜的香糟汁，最好使用原味的。

7）用于糟熘、糟煎、糟蒸的原料，必须选用新鲜质嫩、气味相对平和的原料，可以用香糟汁浸泡、上浆，也可以在烹调中添加，还可以作为蘸料。

8. 烤的技术要求

烤是利用柴草、木炭、煤、可燃气体、太阳能或电为能源所产生的辐射热，使原料成熟的烹调方法。烤主要适用于动物性原料，如鸡、鸭、鹅、猪、牛、羊、鱼、虾等，也适用于部分植物性原料，如土豆、红薯、玉米、茄子、蘑菇、水面筋、蒜、青椒、苹果等。原料在烤制前，通常需要初加工，包括切割、修整、腌渍、烫皮、上色、晾挂等，有的还需要用其他原料如猪网油、荷叶、面皮等包裹后再进行烤制。原料经烤制后，表层水分散发，产生焦香的风味。

烤一般分为两种，一种是在敞开式的烤炉上加热，称明炉烤，如叉烤、串烤、网夹烤、挂炉烤等，代表菜有叉烤乳猪、叉烤鸭、网夹烤鳜鱼、串烤大虾、挂炉烤鸭、烤全羊、烤羊腿、炭烤鳗鱼等；一种是在密闭的烤炉或烤箱中加热，称暗炉烤，如焖炉烤、盘烤、泥烤等，代表菜有焖炉烤鸭、烤花篮鳜鱼、常熟叫花鸡、烤肥肠、烤豆腐、烤鲳鱼等。明炉烤香气浓郁，时有油烟升起，客人可随时参与，边烤边吃，油酥肉嫩，气氛热烈；暗炉烤基本无油烟之扰，更节约能源，也便于控制，但客人几乎不能参与。两种烤法各有各的特点。烤的技术要求如下。

1）动物性原料宜选用新鲜肥嫩的；植物性原料宜选用新鲜、黏糯、爽滑的。

2）必须对原料进行刀工处理、修整、腌渍、烫皮、上色、晾挂吹干表面，使其便于烤制，也可使原料外皮酥脆。个别皮厚的，烤制中还需要用钢针在其皮面扎上若干小孔。

3）要提前准备好原料烤制中、烤制后所需使用的调味料。

4）对整只的、大块的原料，明炉烤制时，要叉牢夹紧，有些还需要用铁丝捆扎；暗炉烤制时，底火面火的温度要一致，最好用温度计插入肉块的内部测试温度，帮助判断成熟度。

5）原料在烤制过程中，要注意观察外表颜色的变化，以免因温度过高烤焦原料，有些原料还需要中途刷油和撒上香料粉。

6）使用脆皮水、饴糖水、蜂蜜水等含糖的汁水对原料表面上色时，一定要控制好糖的用量，以免烤焦。

9. 焗的技术要求

焗是以汤汁、蒸汽、盐或辐射热做传热介质，将经过初加工并腌制过的原料或半成品放在相对密闭的炊具或容器中加热，使原料自身水分汽化至熟的烹调方法。焗是源于粤菜的烹调技法，常见菜品有盐焗鸡、玫瑰酒焗乳鸽、盐焗三文鱼、蛋黄酱焗扇贝、蒜蓉焗生蚝、上汤焗龙虾、黄油焗红薯、奶酪焗南瓜、沙茶焗膏蟹、鹅肝酱焗松茸等。

焗的方法因所用炊具的不同可分为锅焗（铁锅焗、砂锅焗）、烤炉焗、瓦缸焗等；因传热方式不同可分为上汤焗、原汁焗、盐焗等；因所用调辅料的不同可分为陈皮焗、蒜蓉焗、西汁焗、蛋黄焗、蚝油焗、姜葱焗、沙茶焗、酒焗等。

因所用炊具、原料和所做具体菜肴的不同，焗的方法和技术要求有细微的不同。

1）无论哪一种焗法，一般多选用动物性原料为主，兼小部分植物性原料，但都必须经过刀工处理，大多数原料还需要提前腌制，腌制的口味轻重、时间长短应根据原料的数量、大小、老嫩及所做具体菜肴的质量要求而定。

2）盐焗的原料加热前一定要用双层锡纸或荷叶包裹起来，以免原料与粗盐直接接触而受到影响。

3）砂锅焗的原料多以生料为主，为了菜肴造型，有些原料还需要先经过初步熟处理后再进行焗制。焗制时需加一些汤汁，要掌握好汤汁分量，控制好焗制的火候，一般先用旺火将汤汁烧沸，再转小火焗熟。切块装盘之后，要把原汤汁淋在菜肴上，突出原汁原味的特点。

4）烤炉焗的原料一般经过腌制或酿制并进行调味，可放在特定的容器中做成所需要的造型，焗熟后即可上桌。如果腌制1次还不能达到所要求的口味，则焗一定时间后可取出，调味后再焗，要恰当掌握焗制时间。有些原料还需要用锡纸包裹后才能焗制。

5）上汤焗的原料有的需要拍粉油炸，有的需要炖煮焖烧，然后再用上汤、调味料焗制成菜。

技能训练1　拔丝苹果

菜肴类型：甜菜。

1. 烹法

拔丝。

2. 质量要求

苹果呈较规则的滚料块，大小一致，挂糊均匀，色泽金黄，糖丝细长、晶亮，糖不粘盘。

3. 原料

（1）主料　苹果3个（约400克）。

（2）调料　白糖100克，干淀粉300克，精炼油750克（约耗40克）。

4. 制法

1）将苹果洗净，去皮，去核，切成大小一致的滚料块，拍上干淀粉。将剩余的干淀粉加适量清水调成水粉糊。

2）炒锅上火，舀入精炼油烧至七成热（约210℃），将苹果块挂水粉糊后下油锅炸至金黄色，倒入漏勺沥去油。

3）锅洗净，上火烧热，放15克精炼油，下白糖，采用中火化糖、小火上色的方法，将糖熬出糖丝，倒入炸好的苹果块颠锅翻匀，起锅装在烫热并抹过油的盘内，立即趁热上桌。配事先准备好的凉开水小碗，供客人拔丝后蘸食。

5. 制作关键

1）炸苹果的油温不宜过高，以免炸焦。

2）熬糖时用油不宜多，中火化糖、小火上色，注意糖色的深浅程度，不宜太深。

3）拔丝菜装盘前，盘内必须事先抹少量的油，防止粘盘。

4）随做随食。学生平时练习此菜，应在拔丝菜装盘后，立即用筷子拔出丝来，并将糖丝盘绕于菜上，供教师讲评、评分。

6. 菜肴变化

拔丝土豆、拔丝楂糕、拔丝香蕉、拔丝蜜瓜、拔丝南枣等。

技能训练2 拔丝山药

菜肴类型：甜菜。

1. 烹法

拔丝。

2. 质量要求

色泽淡黄，糖丝细长，包裹均匀，糖不粘盘。

3. 原料

（1）主料 铁棍山药400克。

（2）调料 白糖100克，熟白芝麻5克，精炼油1000克（约耗40克）。

4. 制法

1）将铁棍山药洗净，上笼蒸熟，取出，去皮，切成5厘米长的段，若山药较粗，可顺长一切为二。

2）炒锅上火，舀入精炼油烧至七成热（约210℃），放入山药段炸至淡黄色，稍养一会，倒入漏勺沥去油。

3）炒锅洗净复上火，烧热，放15克精炼油，下白糖，旋转搅动，中火化糖、小火上色，熬出糖丝后，倒入炸好的山药段颠锅翻匀，起锅装在抹过油的盘内，趁热上桌。配事先准备好的小碗凉开水，供客人拔丝后蘸用。

5. 制作关键

1）山药蒸熟后，无须拍粉或挂糊，即可油炸。

2）炒锅必须洗净，炕热，用油滑锅。

3）熬糖时用油不宜多，中火化糖、小火上色，掌握好糖色的深浅程度。

4）拔丝菜装盘前，盘内必须事先抹少量的油，防止粘盘。

技能训练 3　蜜汁橄榄红薯

菜肴类型：甜菜，菜品图见彩图7。

1. 烹法

蜜汁。

2. 质量要求

宜选红心红薯，此菜色泽黄亮，香甜黏糯，汁液如蜜。

3. 原料

（1）主料　红心红薯500克。

（2）调料　盐1克，糖桂花2克，白糖130克，蜂蜜15克，精炼油1000克（约耗15克）。

4. 制法

1）将红心红薯削去皮，切成宽厚各约2.5厘米见方的条，再切成6厘米长的菱形块，并把两端削尖，修成光滑的橄榄形。

2）锅置火上，倒入精炼油，烧至五成热（约150℃），放入橄榄形红薯炸至外表结壳，倒入漏勺中沥去油。

3）锅复置火上，放入白糖、蜂蜜、盐、清水，烧至浓稠后，倒入橄榄形红薯，淋入糖桂花，翻拌均匀，出锅装盘即成。

5. 制作关键

1）宜选用红心红薯制作，色泽好。

2）削出来的橄榄形红薯应大小一致。

3）红薯去皮后，应注意防止褐变。

4）熬糖汁时加少量盐，甜味会更浓。

6. 菜肴变化

蜜汁糯米藕、蜜汁山药、蜜汁芋艿、蜜汁叉烧、蜜汁豆腐干等。

技能训练4 诗礼银杏

菜肴类型：甜菜。

1. 烹法

蜜汁。

2. 质量要求

银杏色泽碧绿，晶莹透明，舀食入口，软糯柔韧，香甜可口。

3. 原料

（1）主料 新鲜银杏仁500克。

（2）调料 白糖200克，蜂蜜50克，糖桂花3克，精炼油1000克（约耗20克）。

4. 制法

1）炒锅置火上，加入精炼油烧至六成热（约180℃），放入银杏仁炸至起皮，捞出焯水，淘净红皮，挑去果芯。

2）炒锅复置火上，放入10克白糖，小火慢炒至黄色，加入开水、银杏、剩余的白糖、蜂蜜，大火烧开，转小火焖至汁浓，淋入糖桂花和少许精炼油，翻匀出锅装盘。

5. 制作关键

1）银杏应选新鲜果仁，否则色不绿、质不嫩。

2）银杏要去净红皮和果芯。

3）掌握好炒糖时的火候，色黄即可，不可熬焦。

技能训练5 红扒肘子

菜肴类型：热菜。

1. 烹法

蒸扒。

2. 质量要求

猪肘色泽红亮，形状完整，酥烂脱骨，皮黏糯，肉香浓，口味咸甜。

3. 原料

（1）主料 带骨猪前肘1个（约1300克）。

（2）调料 葱段200克，姜片35克，蒜片50克，红腐乳1块，甜面酱130克，盐5克，酱油60克，黄酒50克，八角3个，桂皮6克。

4. 制法

1）将猪前肘皮面刮洗干净，肘皮朝下放砧板上，用刀在正中间沿腿骨将皮肉划开，分离骨肉，露出骨头，底部骨肉仍相连；然后用刀背将上下两节腿骨从中间敲断，放入开水锅中焯透，捞出，洗净。

2）大锅上火，倒入足量清水，放入猪前肘，加姜片25克、葱段40克、黄酒30克，旺火煮沸20分钟后捞出，擦干表面，用手将猪前肘在骱骨处掰断，趁热在肉皮上抹匀酱油。

3）将红腐乳放大碗内，用勺压成泥，放入甜面酱、葱段、姜片、蒜片、酱油、黄酒调成复合调味料，待用。

4）将猪前肘皮面朝下放入大盆内，放上八角、桂皮，撒上盐，用单层纱布盖在猪前肘上，再将复合调味料均匀地抹在纱布上，放入笼内用旺火蒸约3小时，直至酥烂，取出蒸猪前肘的盆，揭去纱布，挑去八角、桂皮，扣入大盘中即成。

5. 制作关键

1）猪前肘要刮洗干净，漂白表皮。

2）刀工处理时，底部骨肉需相连。

3）调味料要搅拌均匀后再抹。

4）蒸制时间要长，火候要足，以酥烂为上。

6. 菜肴变化

金葱扒鸭、五香扒鸡、蜜枣扒山药、扒牛肉条、珧柱扒白菜、蟹黄扒鱼肚等。

技能训练6 扒三白

菜肴类型：热菜。

1. 烹法

白扒。

2. 质量要求

色泽洁白，质感软烂鲜嫩，清醇味浓。

3. 原料

（1）主料 新鲜鱼蓉200克，猪肥膘蓉60克，白菜心250克，白芦笋250克。

（2）调辅料 蛋清2个，葱段10克，姜片8克，葱姜汁20克，盐4克，味精1克，黄酒10克，鸡汤250克，熟鸡油15克，干淀粉20克，水淀粉15克，精炼油1000克（约耗40克）。

4. 制法

1）将新鲜鱼蓉、猪肥膘蓉放在同一个大碗内，加入蛋清、葱姜汁、味精、黄酒5克、盐2

克、干淀粉搅拌均匀，顺着一个方向搅打上劲，成鱼脯蓉，放入冰箱静置15分钟。

2）炒锅上火，倒入精炼油，烧至四成热（约120℃），将鱼脯蓉处理成长约8厘米的梭形，放入油中，中途可以用小勺将鱼脯翻面，小火养熟，倒入漏勺沥去油，可用温水洗去表面的油。

3）白菜心一切为二，洗净，下沸水锅中焯透，捞出，沥干水，切成15厘米长的条，排放在圆盘中间；白芦笋切去老根，刨去皮，入沸水锅中焯一下，放在白菜心的旁边，排整齐；将熟鱼脯整齐地排在白菜心的另一边。

4）炒锅置火上，放少许精炼油，下葱段、姜片爆香，加黄酒、鸡汤、盐、味精烧沸，捞出葱姜，将盘中三种原料整齐地推入锅中，扒烧至酥烂入味，用水淀粉勾薄芡，淋上熟鸡油出锅装盘即成。

5. 制作关键

1）调制鱼脯蓉时无须另外加水，鱼脯蓉宜稍稠些。

2）扒制必须用好汤。

3）下锅扒制时要保持整体形状的完整。

技能训练7　甲鱼煨猪蹄

菜肴类型：汤菜。

1. 烹法

煨。

2. 质量要求

甲鱼软嫩，猪蹄酥烂，汤色浓白，味道鲜美。

3. 原料

（1）主料　活甲鱼1只（约600克），新鲜猪蹄1个（约600克）。

（2）配料　净鲜冬笋1个（约50克），小油菜心10棵。

（3）调料　葱段15克，姜片20克，黄酒50克，盐5克，胡椒粉1克，精炼油30克。

4. 制法

1）将甲鱼宰杀后放入盆内，待其流尽血，用80℃的热水浸烫约2分钟，取出，趁热用钢丝球刷去背部和裙边上的黑膜，再刷去腿部及腹部的黏膜，洗净，放砧板上，用刀将尾部与背部之间剖开直至前爪部，掀起背部，清除所有内脏后，用刀剁成大小适宜的块，摘除四肢和其他部位的所有黄油，入沸水锅中烫一烫，捞出，洗净。

2）将猪蹄刮洗干净，剁成块，入沸水锅中焯水约5分钟，捞出，镊净猪毛，洗净。

3）将净鲜冬笋焯水，切成滚料块；小油菜心洗净，沸水锅中放少许油，焯水，捞出，冷水冲凉，待用。取大砂锅1个，洗净待用。

4）炒锅上火，放精炼油，下姜片、葱段炒香，放入猪蹄块，烹入黄酒，煸一下，加清水2000克，大火烧沸后改用中小火煨约10分钟，倒入大砂锅中继续煨约1小时，放入甲鱼块、鲜冬笋块，加盐后继续煨约30分钟，放入小油菜心、胡椒粉，再煨5分钟即成。既可原砂锅直接上桌，也可分装在各客人的汤盅或小碗中上桌。

5. 制作关键

1）甲鱼必须鲜活，初加工要干净，要去除所有黄油；要焯烫去腥。

2）猪蹄必须镊净猪毛，实在镊不净的部位可以用刀切除；焯水要焯透。

3）煨制时宜中火或中小火加热，使汤汁浓白。

4）猪蹄难烂要先煨，甲鱼易烂要后下。

技能训练8　板栗煨老鸭

菜肴类型：汤菜。

1. 烹法

煨。

2. 质量要求

鸭肉鲜嫩，汤浓味鲜，板栗形状完整、质感粉糯。

3. 原料

（1）主料　光老鸭1只（约1250克），新鲜板栗仁200克，熟火腿50克。

（2）调料　葱段30克，姜片30克，黄酒80克，盐5克，胡椒粉2克，精炼油500克（约耗20克）。

4. 制法

1）将光老鸭清理干净，剁成3厘米见方的块。

2）熟火腿切成厚片。新鲜板栗仁去衣，洗净。

3）炒锅上火，放入精炼油，烧至160℃，放入板栗仁炸至金黄色，倒入漏勺沥油。

4）炒锅复上火，倒入足量的开水，放入鸭块，加葱段15克、姜片15克、黄酒50克，焯水至鸭块断生，捞出，用清水洗净。

5）取大砂锅，放入鸭块、余下的葱段、姜片、黄酒，加足量清水，水量高出鸭块4厘米，盖上锅盖。

6）将砂锅置中火上，煮至汤沸，开盖，撇去浮沫，再盖上锅盖，煨约50分钟，放入板栗仁、熟火腿片，再煨20分钟，放入盐、胡椒粉调味即成。

5. 制作关键

1）板栗宜选用刚上市的鲜板栗，板栗经油炸后不易松散糊汤。

2）熟火腿片与板栗仁宜在鸭肉七成烂时下锅。

3）煨制时宜中火或中小火加热，汤汁浓白，鸭肉酥烂。

技能训练9 清炖蟹粉狮子头

菜肴类型：热菜。

1. 烹法

炖。

2. 质量要求

狮子头肥嫩，蟹粉鲜香，菜心翠绿，肉皮、排骨酥烂，汤汁醇厚，以勺舀食。

3. 原料

（1）主料　猪肋条肉（肥瘦比例1：1）500克，蟹黄30克，蟹肉30克。

（2）配料　青菜心10棵，猪仔排150克。

（3）调料　葱段10克，姜片10克，虾子1克，黄酒15克，盐5克，葱花5克，姜末5克，干淀粉15克，蛋清1个，大白菜叶10个。

4. 制法

1）铲去猪肋条肉上的皮，将肉切成0.5厘米见方的小丁后粗斩，放入盆内，加葱花、姜末、蟹肉、虾子、盐、黄酒、蛋清、干淀粉搅拌上劲，制成肉蓉。青菜心削成橄榄形，放入沸水锅中焯水，捞出投入凉水中浸凉。

2）将猪仔排剁成3厘米长的段，猪肉皮切成2厘米长的菱形片，一起放入沸水锅中焯水，捞出，洗净。

3）砂锅置火上，放入葱段、姜片、猪仔排、猪肉皮、黄酒、清水、盐，烧沸，将搅拌上劲的肉蓉分成10份，逐份放在手掌中，蘸些水淀粉，用双手来回翻动四五次，成光滑的大肉圆，逐个将蟹黄分嵌在每个肉圆上，放入砂锅中，盖上大白菜叶，盖上锅盖，烧沸后转小火炖约2个小时，揭去菜叶，放入青菜心，烧沸即成。

5. 制作关键

1）猪肋条肉应以切为主，细切粗斩。

2）炖制时宜小火，时间约2个小时。

3）此菜放入猪仔排增香，放入猪肉皮使汤汁变稠，放入青菜心增色，使营养丰富。

6. 菜肴变化

清炖狮子头的配料随季节而变，如初春的河蚌狮子头、清明前后的春笋焖狮子头、夏季的鮰鱼狮子头、冬季的风鸡狮子头等。

技能训练10 清炖人参鸡

菜肴类型：汤菜。

1. 烹法

清炖。

2. 质量要求

汤浓味厚，滋味醇香，风味独特。

3. 原料

（1）主料 光母鸡1只（约1500克），野山参10克。

（2）调料 盐5克，鸡精2克，黄酒10克，葱段20克，姜片10克。

4. 制法

1）野山参洗净，切片，放碗内，用温水泡透。

2）光母鸡洗净，剁下鸡爪，剁去爪尖；鸡头整理干净；摘去鸡脖子周边的淋巴、气管、食管等。将鸡脯朝下放砧板上，用刀刃后端将鸡的胸骨、大腿骨剁断，用刀背敲断翅膀骨、小腿骨，最后一并洗净，入开水锅内焯水至断生，取出，洗净。

3）取砂锅，放入适量开水，放入整鸡，鸡脯朝上，放入野山参片及泡野山参的水，上中火，放入黄酒、葱段、姜片，煮沸，撇去浮沫，盖上盖，改用小火炖约60分钟至鸡肉酥烂，捞去姜片、葱段，放入鸡精、盐调味即成。

5. 制作关键

1）母鸡宜用新宰杀的整只嫩母鸡。

2）人参宜用野山参，但用量宜少不宜多，否则抢味。

3）炖制母鸡时宜小火慢炖，火大汤易混浊。

6. 菜肴变化

火腿清炖鸡、醉蟹清炖鸡、香菇清炖鸡、鲜冬笋清炖鸡、甲鱼清炖鸡等。

技能训练11 锅贴金钱鸡

菜肴类型：热菜。

1. 烹法

锅贴。

2. 质量要求

此菜底面金黄香脆，鸡丸软嫩香滑，形状美观。

3. 原料

（1）主料　仔鸡脯肉200克，猪肥膘（10厘米×5厘米×5厘米）100克。

（2）配料　新鲜荸荠50克，虾米10克，香菜20克。

（3）调料　黄酒10克，盐2克，蛋清2个，味精1克，胡椒粉1克，葱段10克，姜片10克，干淀粉20克，芝麻油5克，精炼油50克。

4. 制法

1）虾米放碗内，倒入少量沸水泡软，捞出，剁成细末；葱段、姜片捣烂，加黄酒挤出汁，即成葱姜酒汁。香菜择洗干净。

2）新鲜荸荠洗净，去皮，再洗净，放砧板上拍碎，剁成泥，挤去水分。

3）将猪肥膘切成5厘米×5厘米×5厘米的两块，放入沸水锅中煮至六成熟，取出，放凉，切去四个角，尽量修成直径为4厘米的圆柱体，然后再平批成20片薄圆片。

4）将仔鸡脯肉切成薄片，与剩下的猪肥膘一起放在砧板上，斩成细蓉，放大碗内，加蛋清1个、荸荠泥、虾米末、葱姜酒汁、干淀粉、盐、味精、胡椒粉用力搅拌上劲，即成混合鸡蓉。

5）将20片猪肥膘圆片分别拍上干淀粉，平铺在砧板上，将混合鸡蓉挤成大小一致的丸子放在猪肥膘圆片上，用手指蘸蛋清将鸡丸往下稍压，使其与猪肥膘圆片粘牢固，再将鸡蓉抹成馒头状，并抹光滑，然后贴上两三片香菜叶点缀（也可以用油菜叶刻成铜钱状），即成金钱鸡生坯。

6）不粘平底锅置小火上，放少许精炼油滑锅，放入金钱鸡生坯，盖上玻璃盖，煎至肥膘内油脂基本排出时，开盖，用锅铲铲起，见底部呈金黄色时，淋入少许芝麻油增香，铲出，盛入盘中即成。

5. 制作关键

1）宜选用新鲜仔鸡脯肉。

2）仔鸡脯肉要批去筋膜，要剁得极细，可用破壁机粉碎。

3）猪肥膘以实膘为好，颜色要白，筋膜要少，要有一定的厚度。

4）猪肥膘煮至六成熟即可，不可煮得过烂，否则不宜成形。

6. 菜肴变化

锅贴鱼片、锅贴鳝背、锅贴虾仁、锅贴蟹粉等。

技能训练 12　锅贴鱼片

菜肴类型：热菜。

1. 烹法

锅贴。

2. 质量要求

底面金黄香脆，鱼片质嫩味鲜，外观大小一致。

3. 原料

（1）主料　鲜鳜鱼肉400克，熟猪肥膘400克。

（2）配料　鲜冬笋20克，熟火腿30克，香菜叶25克，蛋清1个。

（3）调料　盐4克，姜片10克，葱段10克，黄酒10克，干淀粉50克，芝麻油20克，精炼油250克（约耗40克）。

4. 制法

1）将鲜鳜鱼肉批切成24片5厘米×3厘米×0.4厘米的片；将熟猪肥膘批切成24片5厘米×3厘米×0.2厘米的片；将鲜鳜鱼片放碗内，用盐、黄酒、姜片、葱段抓匀腌渍约5分钟，拣去姜葱，放入蛋清、干淀粉上厚浆。

2）鲜冬笋切成3厘米×1.5厘米的薄片；熟火腿切成细粒；香菜叶洗净，控去水。

3）将熟猪肥膘片分别拍上干淀粉，铺在砧板上，分别贴上鲜冬笋片，放上浆好的鳜鱼片，在鳜鱼片的一端粘上熟火腿细粒，另一端粘上2片香菜叶，如此做完24个锅贴鱼片生坯。

4）将平底不粘锅置小火上，烧热，放少许精炼油滑锅，再放入芝麻油，将锅贴鱼片生坯放入锅内，盖上盖，小火煎制，待肥膘内油脂基本排出时，开盖，用锅铲铲起，见底部呈金黄色时，铲出，盛入盘中即成。可以用花椒盐佐食。

5. 制作关键

1）鳜鱼片要厚一点，熟猪肥膘片要薄一点。

2）鳜鱼片要上厚浆，熟猪肥膘片必须拍粉，否则容易脱落。

3）煎制时最好用平底不粘锅，用小火，并经常察看底部颜色，以免煎焦。

技能训练 13　锅塌鲈鱼

菜肴类型：热菜。

1. 烹法

锅塌。

2. 质量要求

鲈鱼双头双尾，外形完整，色泽棕红，肉质细嫩，味道鲜香。

3. 原料

（1）主料　鲈鱼1条（约750克）。

（2）调辅料　蛋黄1个，玉米淀粉10克，鲜汤150克，黄酒15克，盐4克，白糖5克，酱油15克，葱花10克，蒜末15克，姜末10克，芝麻油50克，花生油100克。

4. 制法

1）将鲈鱼去鳞、去鳃、去鳍，沿脊背部从头至尾剖开，使腹部相连，成双头双尾状，去内脏，剔去脊骨和胸刺，在肉面上剞上十字花刀，不能破皮。将蛋黄放碗中，加盐、玉米淀粉搅匀后，抹在鲈鱼肉上。

2）锅置火上，放入花生油烧热，将鱼肉面朝下放入锅中煎成金黄色，然后将鱼翻面煎皮面，煎成金黄色后，再翻面，倒入漏勺中沥去油。

3）锅复置火上，放入花生油，放入葱花、姜末、蒜末煸香，加入鲜汤、黄酒、酱油、白糖、盐，烧沸，将鱼肉面朝下放入锅中，盖上锅盖，焖约6分钟，转旺火收稠卤汁，淋入芝麻油，装入鱼盘中即成。

5. 制作关键

1）鲈鱼剖开后，要呈双鱼形，尤其是要从鱼尾的正中间批切成均等的双尾。

2）鲈鱼入锅煎制时，要掌握好火力，以免煎焦。

3）焖鲈鱼时，应使卤汁浓稠。

6. 菜肴变化

锅塌豆腐、锅塌三样、锅塌虾仁、锅塌里脊、锅塌面条鱼等。

技能训练14　锅塌香蕉

菜肴类型：热菜，甜菜。

1. 烹法

锅塌。

2. 质量要求

色泽金黄，质感软糯，口味香甜。

3. 原料

（1）主料　香蕉500克。

（2）调辅料　熟芝麻2克，鸡蛋2个，干淀粉50克，白糖粉10克，红绿丝末5克，精炼油

1000克（约耗50克）。

4. 制法

1）剥去香蕉外皮，切成两段，再顺长一切为二，放盘内，撒上干淀粉，拍均匀。将鸡蛋磕入碗内，打散，放适量干淀粉搅匀成全蛋糊。

2）平底不粘锅置火上，烧热，用精炼油滑锅后加精炼油烧至四成热（120℃），将拍过粉的香蕉拖上全蛋糊放入油锅，用中小火煎塌至两面金黄，取出，装盘，撒上红绿丝末、白糖粉、熟芝麻即成。

5. 制作关键

1）选用香味、口感好的香蕉品种。

2）煎塌时宜用中小火加热。

技能训练15　糟香螺片

菜肴类型：热菜，菜品图见彩图8。

1. 烹法

炒。

2. 质量要求

洁白的螺片裹着红色的香糟汁，弯曲似花，脆嫩爽滑，糟香味鲜。

3. 原料

（1）主料　香螺肉400克。

（2）配料　水发香菇10克，净冬笋50克。

（3）调料　葱段2根，蒜泥2克，姜末1克，水淀粉12克，香糟汁20克，黄酒10克，白糖10克，白酱油15克，味精3克，鲜汤50克，芝麻油5克，盐4克，精炼油适量。

4. 制法

1）切除香螺肉的尾部，刷去污物，洗净，批切成大小均匀的大薄片，放入60℃的热水锅内烫一下，捞起，放碗内，用黄酒抓匀稍腌。净冬笋、水发香菇均切成与香螺片相称的片。葱段切成马蹄片放碗内，加入鲜汤、盐、味精、白糖、白酱油、芝麻油、水淀粉一起调成兑汁芡。

2）炒锅置旺火上，倒入精炼油烧至130℃，将冬笋片下锅过油1分钟，倒进漏勺沥去油。炒锅留少许精炼油，放回火上烧热，下蒜泥、姜末煸香，再放入香糟汁略煸，随即加入水发香菇片及过油冬笋片，倒入兑汁芡搅匀，烧沸，立即放入烫过的香螺片，颠炒几下装盘即成。

5. 制作关键

1）选用新鲜的香螺肉。选用鲜红色、糟香味浓的香糟汁。

2）香螺肉片要批得大而薄，下锅加热时间不宜长。

技能训练16　糟熘鱼片

菜肴类型：热菜。

1. 烹法

糟熘。

2. 质量要求

鱼片洁白，细软滑嫩，糟香浓郁。

3. 原料

（1）主料　梭鱼肉300克。

（2）配料　水发黑木耳20克，熟冬笋20克。

（3）调料　葱白段10克，蛋清1个，香糟汁20克，盐2克，姜汁8克，白糖10克，干淀粉10克，水淀粉15克，鲜汤150克，精炼油1000克（约耗40克）。

4. 制法

1）将梭鱼肉洗净，铲去鱼皮，切成2.6厘米×2.6厘米 ×0.2厘米的鱼片，放碗内，加蛋清、少量盐抓拌均匀，放入干淀粉，抓匀上浆。水发黑木耳洗净，入沸水锅内焯透，捞出，控去水。熟冬笋切成片。葱白段切成雀舌葱。

2）炒锅置火上，放入精炼油烧至四成热（约120℃），将梭鱼片逐片放入油中，轻轻铲动，至梭鱼片全部变白，倒入漏勺中沥去油。

3）炒锅置火上，放入精炼油，下雀舌葱、黑木耳、冬笋片炒两下，加鲜汤、姜汁、盐、白糖，烧开后放入鱼片，撇去浮沫，再放入香糟汁，用水淀粉勾琉璃芡，淋入精炼油，起锅倒入汤盘中即成。

5. 制作关键

1）宜选用新鲜梭鱼肉制作此菜。

2）鱼片上浆要搅拌至上劲，滑油不可熟透。

3）勾芡不宜过稀。

技能训练17　烤羊腿

菜肴类型：热菜。

1. 烹法

烤。

2. 质量要求

此菜色泽金红油亮，肉香诱人，羊肉酥嫩，干香不腻，咸中带甜，风味独特。

3. 原料

（1）主料　羊后腿1只（约2500克），薄饼500克。

（2）配料　芹菜段200克，胡萝卜条200克，番茄块200克，洋葱圈200克。

（3）调料　盐15克，黄酒30克，胡椒粉3克，胡椒粒4克，姜片25克，葱段30克，花椒20克，大茴香5克，桂皮5克，草果5克，鲜汤1000克，葱白丝50克，香菜碎50克。

4. 制法

1）将羊后腿洗净，擦干水，用铁扦子戳遍小孔，待用。

2）锅上火，倒入清水500克，放入洗净的花椒、大茴香、桂皮、草果，煮沸后倒入盆内晾凉，加入盐10克、黄酒15克、姜片15克、葱段15克、胡椒粉搅匀，放入羊后腿浸泡，腌制约5小时后捞出羊后腿，放在烤盘内。

3）将烤箱面火和底火温度调至180℃预热，待温度达到180℃时，烤盘中放入羊后腿、鲜汤、盐5克、黄酒15克、姜片10克、葱段15克，放进烤箱中烤约1小时，取出，翻转羊后腿，再放入胡萝卜条、芹菜段、番茄块、洋葱圈、胡椒粒，再放进烤箱烤约30分钟，至羊后腿表面呈焦红色时，即可出炉，出炉后装入大盘内上桌，请客人欣赏后，再端至旁边，剔去腿骨，将羊肉切成小块，撒上葱白丝、香菜碎，配薄饼、酱料，供客人品尝。

5. 制作关键

1）整羊腿宜选羊后腿，要用刀修整齐。

2）用铁扦子在羊后腿上戳小孔要匀要透。

3）烤制羊后腿过程中要多次翻转。

4）烤制羊后腿过程中要控制温度和时间，以汤干、肉嫩、味透为准。

技能训练18　烤鸡翅

菜肴类型：热菜。

1. 烹法

烤。

2. 质量要求

色泽红亮，外焦里嫩，香气浓郁，咸鲜微甜。

3. 原料

（1）主料　鸡翅中12个。

（2）调料　酱油20克，黄酒20克，姜片10克，葱段15克，孜然粉3克，花椒粉1克，盐2克，蜂蜜12克。

4. 制法

1）将鸡翅中洗净，吸去表面的水，放盆内，加酱油、黄酒、姜片、葱段、盐、花椒粉、孜然粉2克、蜂蜜6克，用手抓匀，腌制一两个小时。

2）将烤箱面火、底火均调至230℃，先预热。取烤盘，将鸡翅中排放在烤盘内，进烤箱烤约18分钟，取出烤盘，往鸡翅中上撒少许孜然粉，刷上蜂蜜，再放入烤箱烤约3分钟，成熟并上色，取出，装盘即可。

5. 制作关键

1）鸡翅中必须腌制入味。

2）鸡翅中刷了蜂蜜复烤时必须注意观察，上色后立即取出。

技能训练19　盐焗鸡

菜肴类型：热菜，菜品图见彩图9。

1. 烹法

盐焗。

2. 质量要求

鸡皮金黄油润焦香，鸡肉咸鲜滑嫩味浓，佐以沙姜油，味更鲜美。

3. 原料

（1）主料　光三黄鸡1只（约1200克）。

（2）配料　纱纸2张，粗盐2500克。

（3）调料　香菜25克，姜片10克，葱段10克，盐8克，白糖6克，味精3克，八角末2克，沙姜粉5克，黄酒20克，芝麻油5克，花椒5克，花生油70克。

4. 制法

1）炒锅置小火上，放入4克盐炒热，加沙姜粉3克，略炒后倒入小碗中，加花生油50克拌匀，浸制10分钟后即成沙姜油蘸料；在纱纸上刷上少量花生油待用。

2）将三黄鸡洗净，晾干，去嘴壳，剁去爪，用刀背在颈与鸡身处剁一刀使颈骨断开，但皮仍与鸡身相连。

3）将三黄鸡放大盆内，加姜片、葱段、八角末、沙姜粉2克、盐4克、白糖、味精、黄酒擦匀鸡身及鸡腹腔，将姜片、葱段留在鸡腹腔内，腌制约20分钟，取出，控去汁水。

4）将刷过油的纱纸放在砧板上，放上三黄鸡，将鸡头折向鸡身一侧，将纱纸卷起卷紧，包紧两头，再裹上另一张纱纸，包好。

5）炒锅置火上，下粗盐、花椒炒烫并呈暗红色，取1/3的粗盐放在瓦煲底部，将包好的三黄鸡侧放在粗盐上，稍往下按一下，再将余下的粗盐全部倒入瓦煲内，盖住鸡身，盖上盖，铺上一块湿方巾，上小火焗约30分钟后，湿方巾变干了，三黄鸡也就焗熟了，可关火再焗几分钟。

6）将瓦煲离火，放在干燥的木板上，开盖，用刀敲开粗盐，将三黄鸡取出，揭去纱纸，去姜片、葱段，将鸡剁成大小合适的块，或用手撕成大片，放盘中，拼摆成整鸡形状，刷上芝麻油，两边用香菜点缀，配沙姜油蘸料上桌即成。

5. 制作关键

1）宜选用肥嫩三黄鸡制作，也可选用清远鸡。

2）制作沙姜油时需先将盐炒热炒干后，再加沙姜粉，趁热放入花生油搅匀。

3）粗盐可以适当多一些，要能完全盖住包好的三黄鸡。炒制时放花椒增香。

4）要选用较深一点的瓦煲，以便能装下粗盐。由于瓦煲使用一次就丢弃，因此不宜选购太贵的。

5）瓦煲底部的粗盐要高于两节食指（约3厘米），铺太浅，会烤焦包三黄鸡的纱纸，三黄鸡会发黑。做完盐焗鸡后，将锅底变黑的粗盐刮去扔掉，白色的粗盐还可以留着下次使用。

6）焗制时间的长短应视三黄鸡的大小和火候而略有增减。

7）装盘要快，以免三黄鸡凉了影响风味。

技能训练20　盐焗三文鱼

菜肴类型：热菜。

1. 烹法

焗。

2. 质量要求

三文鱼肉质细嫩，咸鲜适口，配菜丰富，搭配合理。

3. 原料

（1）主料　三文鱼1块（约350克）。

（2）配料　绿芦笋100克，土豆丁40克，彩椒丁40克。

（3）调料　葱段15克，姜片10克，盐1克，海盐500克，蒜末10克，洋葱末15克，蔬菜沙拉酱20克，苹果醋1克，意大利绿酱30克，鸡汁5克，白葡萄酒30克，胡椒粉1克，橄榄油30克。

4. 制法

1）三文鱼加葱段、姜片、盐腌制约15分钟后，拣去葱段、姜片，待用。

2）炒锅上火，放橄榄油20克，下蒜末、洋葱末煸香，烹入白葡萄酒，放入意大利绿酱搅匀，再放入鸡汁、胡椒粉调味，出锅装在碗内，成绿酱汁。

3）烤箱面火、底火温度设为240℃，开始预热。烤盘铺好锡纸，铺上海盐（厚约1厘米），放上腌过的三文鱼，刷上少许橄榄油，再把余下的海盐盖在三文鱼上，进烤箱烤15分钟，取出，剥离三文鱼上的盐壳，并刷净三文鱼上沾的多余盐粒。

4）烤三文鱼的同时，将土豆丁煮熟，取出放碗内，加彩椒丁、蔬菜沙拉酱、苹果醋，拌匀备用。绿芦笋切去老根，洗净，入沸水锅内焯水，捞出，用橄榄油略炒。

5）取餐盘，将炒熟的绿芦笋整齐排放在盘内，把三文鱼放在芦笋上，将拌好的土豆丁、彩椒丁放在三文鱼的旁边。

6）将调制好绿酱汁浇在三文鱼上即成。

5. 制作关键

1）宜选用新鲜三文鱼中段制作，并镊去鱼肉中的鱼刺。

2）烤箱预热到240℃时再放入三文鱼烤制。

3）配菜不宜做得太早，以免凉了影响食用。

技能训练21　芝士焗南瓜

菜肴类型：热菜，菜品图见彩图10。

1. 烹法

焗。

2. 质量要求

南瓜黏糯，口味香甜，奶香浓郁。

3. 原料

（1）主料　老南瓜1块（约750克）。

（2）配料　马苏里拉芝士（碎条）1袋（226克），红柿子椒半个，青柿子椒半个。

（3）调料　盐1克，白糖30克，橄榄油50克，白胡椒细粒1克，干淀粉15克。

4. 制法

1）将青、红柿子椒切成小丁，与马苏里拉芝士拌匀。

2）将老南瓜去皮、去瓤，切成小块，洗净，上笼蒸烂，取出，控去水，压成泥，放盆内，加盐、白糖、橄榄油、干淀粉搅拌均匀成南瓜泥。

3）选一个大小、深浅合适的双耳陶瓷烤盘，在盘内刷上一层橄榄油，倒入南瓜泥，用小勺抹平，撒入青红柿子椒芝士，撒上白胡椒细粒。

4）烤箱面火、底火调至200℃，预热完成后，将陶瓷烤盘放入烤箱中层的网架上，焗烤约18分钟即成。

5. 制作关键

1）宜选用淀粉含量高、水分少的南瓜制作此菜。

2）南瓜泥中加少量干淀粉可以防止其渗水。

3）南瓜泥在烤盘内的厚度以3～4厘米为宜。

4）马苏里拉芝士碎要适当多放一些。

5）南瓜切块蒸熟后也可以不压成泥直接焗。

技能训练22 宴会菜单（含热菜）实例

1. 淮扬风味宴席

金秋迎宾宴

冷　菜　香麻海蜇　虾子冬笋　炝黄瓜条　芥末鸭掌　酥熥鲫鱼　水晶肴蹄
罗汉肚子　桂花盐水鸭　四调味（扬州小乳瓜　琥珀桃仁　白糖生姜　蜜腌金橘）

热　菜　清炒翡翠虾仁　鲍鱼浓汁四宝　东坡肉方　鸡汁煮干丝
扬州蟹粉狮子头　全家福

汤　菜　口蘑镬焖鸡

点　心　炸年糕　黄桥烧饼　艾窝窝　淮扬汤包

主　食　菠萝八宝饭

水　果　时令果盘

红楼宴

一品大观　有凤来仪　荷塘情趣　蝴蝶恋花

四干果　栗子　青果　白瓜子　花生仁

四调味　茄鲞　酸菜　芥酱　萝卜酢儿

贾府冷菜　红袍大虾　翡翠羽衣　胭脂鹅脯　酒糟鸭信　佛手罗皮　美味鸭蛋
酥脆素鱼　龙穿凤翅

宁荣大菜 龙袍鱼翅 白雪红梅 老蚌怀珠 生烤鹿肉 西瓜盅酒醉鸡 花篮鳜鱼卷
姥姥鸽蛋 笼蒸螃蟹 双色刀鱼 扇面蒿秆 凤衣穿珠

怡红细点 松仁鹅油卷 螃蟹小饺 如意锁片 太君酥 海棠酥 寿桃

水　　果 时令果盘

2. 广东风味宴席

顺德全鱼宴

冷　菜 七彩鱼生 凉拌鲮鱼皮 香酥炸鱼片 茶蔗熏鲮鱼

热　菜 煎酿鲮鱼 鲮鱼饼 凤城鱼皮角 榄豉蒸鲮鱼 腊肉蒸鲮鱼干 豉油鲮鱼鼻酥
炸鱼肚 鱼汤柚皮 胜瓜浸鱼腐 鱼肠煎蛋

汤　菜 拆鱼羹

点　心 伦教糕 鸡仔饼

主　食 鲮鱼面

水　果 时令果盘

广州风味宴

冷　菜 蜜汁叉烧 泡椒海虾 白切鸡 沙姜猪手 素烧鹅 松花豆腐 冰镇凉瓜

热　菜 白灼虾 蒜蓉蒸扇贝 清蒸石斑鱼 红烧乳鸽 避风塘排骨 东江酿豆腐
鼎湖上素 蒜蓉炒芥蓝

汤　菜 玉米胡萝卜排骨汤

点　心 珧柱萝卜糕 咖喱豆沙酥

主　食 干炒牛河

水　果 时令果盘

3. 四川风味宴席

成都田席

冷　菜 糖醋排骨 红油老肝 芝麻川肚 炸金箍棒 凉拌石花 炝莲白菜
红心瓜子 盐花生仁

热　菜 烩乌鱼蛋 水滑肉片 烩鸡松菌 烩百合羹

九大碗 攒丝杂烩 岷笋烩肉 炖沱沱肉 椒麻鸡块 肉焖豌豆 米粉蒸肉
五花咸烧 蒸甜烧白 蒸肘子

汤　菜 酥肉带丝汤

点　心 蝴蝶卷

主　食 八宝饭

水　果 时令果盘

重庆坝坝宴

冷　菜　老腊肉　怪味鸡　姜汁舌掌　椒麻扇贝　夫妻肺片　灯影牛肉
卤猪耳　辣白菜卷

热　菜　炸酥肉　鱼香肉丝　热窝鸡　粉蒸排骨　豆瓣红烧鱼　水煮肉片
毛血旺　咸烧白　魔芋烧鸭子

汤　菜　土鸡汤

点　心　酒酿汤圆　土沱麻饼

主　食　重庆小面

水　果　时令果盘

4. 山东风味宴席

孔府宴

四干果　乐陵枣　红松子　芒果片　糖炒栗

二鲜果　大樱桃　大青梨

冷　菜　水晶肘子　五香鱼　珊瑚白菜　麻酥藕　琉璃核桃　罗汉肚

头　菜　当朝一品

热　菜　一品豆腐　醋烹虾段　福禄肘子　清炖甲鱼　烤花篮鳜鱼　带子上朝
赛螃蟹　御笔猴头　诗礼银杏

汤　菜　寿字鸭羹

点　心　桂花糕　盘丝饼

主　食　四喜凉面

水　果　时令果盘

青岛海鲜宴

冷　菜　老醋蜇头　盐水大虾　冰爽脆八带　炝拌肚丝　醉蟹钳　崂山凉粉
凉拌合菜　脂渣拌圆葱

热　菜　葱烧海参　姜葱炒蟹　蒜蓉蒸竹蛏　油泼鲈鱼　芹菜爆螺片　吊烧鸡
四喜丸子　嘎拉烩豆腐　松仁玉米粒

汤　菜　虾蟹南瓜浓汤

点　心　水煎包　蟹壳黄酥饼

主　食　海鲜卤面

水　果　时令果盘

4.2 冷菜制作与食品雕刻

冷菜制作包括一般冷菜制作和花式冷菜制作，单个冷菜制作和组合冷菜制作，最主要的功能是食用性兼顾艺术性。食品雕刻包括立体雕、浮雕、镂空雕和混合雕，最主要的功能是艺术性和观赏性。

4.2.1 挂霜、琉璃、糟等烹调方法的技术要求

1. 挂霜的技术要求

挂霜，是将加工预制的半成品或熟料放入熬好的糖浆热锅内，挂匀糖浆，并使其迅速冷却，表面泛起白霜的成菜技法，主要用于甜菜制作。有些地方在熬糖浆时会添加适量的杏仁粉、果珍、奶粉、咖啡、巧克力等，丰富了这种技法的品种和风味。

挂霜的技术要求主要有以下几点。

1）挂霜熬糖只能用水不能用油，糖与水的比例一般为3：1，主料与糖浆的比例一般为2：1。

2）开始熬糖时火候宜小，否则糖的熔化速度小于蒸发速度，使糖还未完全糖熔化就被析出，结晶的颗粒会变大，易造成挂霜失败。

3）糖浆温度达到110℃左右时，是结晶的最佳温度；糖浆温度降至80℃左右时，开始出现糖霜。

4）挂霜的熬糖时间比拔丝的熬糖时间要短，其临界线是糖浆不能变色。

2. 琉璃的技术要求

琉璃，是糖粘法的一种，是将加工预制的半成品原料放入能拔出糖丝的糖浆中，挂匀糖浆，盛放在抹匀少量油的盘内，用筷子拨开，晾凉成菜的技法。

琉璃主要用于甜菜制作，裹在原料表面的糖浆经晾凉凝结成香甜的硬壳，呈现透明棕黄的色泽，类似琥珀和琉璃，通常称为琉璃甜菜，其中有一部分属于民间小吃，如糖葫芦等。琉璃甜菜的风味特色是外壳透亮，酥脆香甜，其内在口味随所用主料的不同而丰富多彩。

琉璃的技术要求主要有以下几点。

1）琉璃熬糖可以用水熬糖或水油熬糖。

2）熬制的糖浆要达到可以拔出糖丝的程度，欠火或过火都会影响成品的琉璃色泽和透明度，口感也差。

3）要提前准备一个洁净、光滑、大些的瓷盘或不锈钢盘，并均匀抹上少许的精炼油，用于装盛挂匀糖浆后的主料，可防止糖浆粘盘。

4）原料挂匀糖浆倒入盘内后，要趁热用筷子将其拨开，不能使其互相粘连，然后放在通风处晾凉，见原料表面均匀结成一层棕黄色泽、晶莹透亮的琉璃硬壳后，再正式装盘上桌。

5）可以在糖浆尚未完全凝固时，撒上少许熟芝麻增加香味。

3. 糟的技术要求

冷菜制作多用香糟汁、香糟油，采用糟腌、糟醉、糟浸、糟油拌等方法使冷菜增香入味。糟制冷菜的技术要求如下。

1）调制好的香糟汁要密封，要放进冰箱或保鲜库静置12个小时以上，最好3～5天，使其二次发酵，这样吊出来的香糟汁更香。

2）香糟汁的咸淡、鲜味、甜味要控制在适度范围内。

3）必须选用新鲜、质嫩、气味相对平和的原料；其熟烂程度多数情况下以刚熟为好，切忌煮烂；成熟的原料要等到冷透后方能放入香糟汁中浸泡；香糟汁要淹没原料，要盖严密封，浸泡时间根据原料形状大小而定。

4）糟制的冷菜在低于10℃的温度下食用口感最好，因此要将其放在冰箱里保存，上桌时再从冰箱中取出，这样的成品清凉爽口。

4.2.2 花式冷菜的拼摆原则及要求

花式冷菜，也称花式冷拼、工艺冷拼等，具有较高的制作要求和难度，是能充分展示艺术性和技术性融合度的一类冷菜。

花式冷菜是指利用各种加工好的冷菜原料，采用多种刀法和拼摆技法，按照一定的次序、层次和位置，将冷菜原料拼摆成花卉、山水、鱼虫、鸟禽等某些动植物的形态，使其栩栩如生，形象逼真，提供给食客欣赏和食用的一种冷菜拼摆技艺。

1. 花式冷菜的拼摆原则

1）所用原料必须是可以食用的熟料或可以生食的果蔬。

2）所用原料和操作过程必须完全符合食品安全卫生规定。

3）拼摆的目标对象必须具有积极向上、吉祥美好的寓意。

4）在图案、色彩和形态上力求做到形象逼真、栩栩如生。

5）要掌握好所用原料的品种和荤素搭配。

6）刀工精细，拼摆整齐，结构匀称，线条流畅，主题、主体突出，衬托点缀部分只能锦上添花，不能喧宾夺主。

7）事前准备工作要充分，要尽量缩短正式拼摆的时间。

8）拼摆完成的花式冷菜最好及时上桌，否则需封上保鲜膜入冰箱保存，时间不宜超过8个小时，以免变质。

2. 花式冷菜的拼摆要求

1）要突出花式冷菜的实（食）用性，兼顾观赏性。

2）杜绝使用不符合食品卫生要求的原料和不能食用的原料做装饰物。

3）要突出原料本色，不用非天然色素对原料着色，力求色彩和谐悦目。

4）盛器必须清洁卫生，其类型、款式、大小、色彩应与所拼摆的花式冷菜协调互补，格调雅致，装盘合理，主体突出。

5）娴熟运用不同刀法和拼摆手法，因料施艺，灵活操作，刀工精细，整齐完美。

6）严格执行厨师个人卫生制度和操作规范。

7）合理用料，物尽其用，减少浪费。

4.2.3 食品雕刻使用的原料及雕刻种类

1. 食品雕刻使用的原料

食品雕刻，又称果蔬雕刻，选料取材非常广泛，大多数的瓜果蔬菜都可使用，部分加工性原料也可使用。具体品种如下。

1）象牙白萝卜、青萝卜、心里美萝卜，选个头粗大、较长、质地坚实脆嫩的，适合雕刻各种花卉、小型飞禽走兽、风景建筑等。

2）胡萝卜、苤蓝、红菜头、莴笋，这四种蔬菜体形较小，颜色鲜艳，适合刻制各种小型的花草、鱼虾、昆虫及小型禽鸟等。

3）荔浦芋头、土豆、红薯等，质地紧实细腻，可雕刻器物、小型建筑、车船、小动物、人物等。

4）长南瓜，实心部分可雕刻形体较大的多种题材，如龙、凤、孔雀、虎、牛、马、绶带鸟、鹰、雄鸡、鸳鸯、鲤鱼等；空心部分可以雕刻鱼篓、花盆、花篮等。

5）洋葱、白菜、油菜头、红尖椒等，这些蔬菜可以雕刻一些特定的花卉，如荷花、菊花、月季花、石榴花等。

6）冬瓜可以在其外皮上刻制各种浮雕图案，制成冬瓜盅。

7）西瓜既可以在其外皮上雕刻出各种浮雕图案，如梅兰竹菊等，制成西瓜盅；也可以镂空突环雕刻，雕刻成不同样式的西瓜灯。

8）小南瓜、苦瓜、哈密瓜、香瓜、瓠子、黄瓜等，选择外皮美观，形状规整，大小合适的，可利用其外表的颜色、形态，雕刻不同的浮雕图案，去其瓤籽后，可单独陈设，也可做盛器或配饰与其他雕刻作品组合，如花篮、花盆、花瓶、瓜盅、竹节等。苦瓜可以雕刻成鳄鱼；黄瓜等小型原料可以雕刻成昆虫；小南瓜可以雕刻成瓜盅；黄皮香瓜可以雕刻成瓜灯；哈密瓜可以雕刻成篷船等。

9）红椒、青椒、香菜、芹菜、茄子、红绿樱桃、葱管、蒜薹、茭白、樱桃番茄、赤小豆、甘蔗等，可以用做雕刻作品的装饰。

10）明胶冻，可以模仿玉器雕刻相关作品。

11）大型冰块，可以做冰雕。

12）部分加工性的原料如蛋黄糕、蛋白糕、压制紧实的豆腐干制品、大块干酪、西式方腿等，可以用于小型动物、器物、建筑的雕刻。

2. 食品雕刻的种类

食品雕刻的种类繁多，花草鱼虫、鸟禽走兽、风景建筑、器物摆件、神话人物等，凡具有寓意美好、吉祥如意的题材，都可以运用下述雕刻方法将其表现出来。

（1）立体雕 又称圆雕、整雕，是指非压缩的，可以多方位、多角度欣赏的三维立体雕塑。采用立体雕的技法将果蔬原料雕刻成立体的艺术形象，既有写实性的、装饰性的，也有具体的、抽象的，可以是动物、人物，也可以是静物。观赏者可以从不同角度看到物体的各个侧面，这也要求雕刻者在掌握雕刻对象的整体布局、形态结构、大小比例、对比平衡、虚实细节等相关因素之后，再从前、后、左、右、上、中、下全方位进行雕刻，循序渐进地完成作品，使作品极富立体感，生动、逼真、传神。因此立体雕刻的艺术要求很高，技术难度也较大。

（2）浮雕 又称浮刻、平面雕，是用雕刻刀具在原料表面雕刻出想要表现的图案，是雕塑与绘画结合的产物，用压缩的方法处理对象，靠透视等因素表现二维空间或平面特性，并只供一面或两面观看。浮雕又分为浅浮雕和高浮雕。浅浮雕是单层次雕刻，内容比较单一，技法相对容易掌握；高浮雕则是多层次雕刻，内容比较繁复，技艺要求更高。食品雕刻中的浮雕是用V形、U形或W形等槽刀，在原料表面戳出有一定深度的线条，将图案之外的多余部分刻去或铲掉，使留下的图案在原料表面呈现“凸”出的感觉，具有半立体的效果。另外，浮雕还可根据画面的设计要求，逐层推进，以达到更高的艺术效果，此法适合雕刻亭台楼阁、风景、人物等，具有半立体雕的特点，其难度较大，要求较高。

（3）镂空雕 也称透雕，一般是在浮雕的基础上，先将作品的外观图案雕刻完整，再将图案之外的多余部分刻透剔除，使里面成为空的，或再镶嵌小的镂空物件，经过细雕打磨，使作品外表图案精美、内在玲珑剔透，生动而富于层次感，如西瓜灯、茄子灯、双层绣球等。

立体雕、浮雕、镂空雕这三种方法既可以单独运用完成作品，也可以相互结合完成作品，实际运用时应根据所要雕刻的作品、原料的具体情况，因料设计，因料施艺，综合考虑，完成作品。

4.2.4 宴会冷菜的构成及组配原则

宴会冷菜是宴会菜品的一个组成部分，是宴席中最先展示给客人的一类组合性菜品，其品相、品位、品质、品种等相关因素都会给客人留下是否美好的第一印象，因此，理解和掌握宴会冷菜的构成及组配原则就显得非常重要。

1. 宴会冷菜的构成

宴会冷菜的构成主要包括以下六个方面。

1）宴会冷菜中，动植物性原料的选用及所占比例是冷菜构成的第一要素，荤的、素的、荤素结合类的冷菜要兼而有之，并主次分明，除素宴等特色宴会外，其他宴会中的冷菜构成一般为：荤菜类冷菜约占50%，蔬菜类冷菜约占40%，荤素结合类冷菜约占10%。

2）宴会冷菜的品种和个数是冷菜构成的第二要素，一般是6～10道冷菜，夏季可能会多一两道，但多以单盘、单碟形式出现。规格档次高的宴会，时常会增加一道有特色的冷菜主盘或一道花式冷拼放在中间，冷菜单碟围在其四周，再备少量调味碟和小干果碟间隔放置在冷菜之间。

3）宴会冷菜的色彩、烹调方法、风味特点、刀工刀法、餐具选用、切配装盘也是冷菜构成的重要组成部分。

4）分餐式各客冷菜拼盘，除客人有特殊情况或事前提出要求可稍作调整外，通常每盘冷菜的品种要完全相同、数量要基本一致，荤素搭配宜1：1或1.5：1，以5～9个品种为宜，每个品种的数量宜少不宜多，总重量一般控制在150克左右。

5）冷餐宴会的冷菜构成以冷菜为主，有荤有素，荤素搭配，品种较多，数量较多，可以是自助餐形式，也可以是分餐与自助餐结合形式。

6）由于地域、菜系、饮食习俗的不同，宴会冷菜的构成也会有一定的差异，所以还要根据当地宴会的实际情况确定具体的冷菜品种、数量和所占比例等。

2. 宴会冷菜的组配原则

（1）因人配菜，迎合宾主喜好 宴会冷菜的组配在编制菜单、确定品种时首先应考虑因人配菜，要了解宾客的国籍、民族、宗教、职业、年龄、性别、体质、饮食喜好或忌讳等，做到有的放矢，保证重点主宾，兼顾其他宾客。

（2）因时配菜，掌握季节变化 宴会冷菜的组配要与季节相适应，要根据季节变化适当调整冷菜品种，使部分冷菜彰显时令特色。另外，冷菜的色彩、口味也要符合季节特征，如春夏色彩清新淡雅；秋冬色彩温暖厚重；春夏口味清淡，秋冬口味浓郁等。

（3）因价配菜，核定冷菜档次 应遵循价格与质量同步的规律来核定冷菜的品种、质量和数量。宴会标准高的，冷菜档次也高，品种稍多，数量较少，制作更加精细；宴会标准低的，冷菜档次相应也低，品种较少，数量稍多，但质量和数量仍要保证。冷菜品种不会使用高价格的原料，制作工艺也相对简单。

（4）因料配菜，力求原料多样化　在一桌宴会冷菜中，无论是6个、8个、10个或更多的品种，其所用原料都不应该重复，要力求多样化，并且要与热菜相协调。这样既能满足品尝需要，也能满足对营养的需要。

技能训练 23　挂霜生仁

菜肴类型：甜菜，冷菜。

1. 烹法

挂霜。

2. 质量要求

色泽洁白，糖霜包裹均匀，不粘连，不散碎，酥脆香甜。

3. 原料

熟花生仁200克，白糖120克。

4. 制法

将熟花生仁去外衣。锅上火，舀入清水40克，放白糖烧沸，用手勺不停搅动，待糖汁熬至起稠时，将锅离火，倒入熟花生仁搅拌，使糖汁紧裹其上，冷却起霜后装盘。

5. 制作关键

要掌握好熬糖时间，火力不宜过大，糖霜的颜色要白。

6. 菜肴变化

挂霜桃仁、挂霜腰果（见彩图11）、挂霜杏仁等；也有少量的挂霜排骨、挂霜丸子等。

技能训练 24　酱酥桃仁

菜肴类型：甜菜，冷菜，菜品图见彩图12。

1. 烹法

挂霜。

2. 质量要求

色泽酱红，桃仁大小均匀，糖霜包裹均匀，质地酥脆，酱香甘甜。

3. 原料

核桃仁250克，白糖120克，甜面酱15克，精炼油适量。

4. 制法

1）将核桃仁放在大碗内，倒入沸水内浸泡30分钟，撕去外皮。

2）炒锅置火上，放入精炼油烧至140℃时放入核桃仁，炸至质酥微黄捞起，用餐巾纸吸去表面的油，待用。

3）炒锅复上火，放入清水、白糖，用小火熬糖至浓稠起大泡，放入甜面酱炒匀，待其水分较少后，离火，倒入核桃仁不断轻轻翻炒，直到糖汁将核桃仁包裹均匀，待其冷却后，装入盘中即成。

5. 制作关键

1）核桃仁在去皮时应尽量保持形状完整。

2）核桃自身含油量很高，炸时极易变焦，所以要掌握好油温，最好采用微火浸炸。

3）熬糖的火候非常关键，应根据季节不同而灵活掌握，夏天熬糖宜老一点，冬季则适当嫩一点。

技能训练25 琉璃山药

菜肴类型：甜菜，冷菜，菜品图见彩图13。

1. 烹法

琉璃。

2. 质量要求

色泽金黄，糖浆透亮，外脆里糯，香甜可口。

3. 原料

山药350克，淀粉60克，面粉40克，白糖160克，芝麻油15克，花生油500克（约耗50克）。

4. 制法

1）将山药洗净，刨去皮，再洗净，放笼内旺火蒸熟，取出，切成6厘米×1厘米×1厘米的条，待用。

2）将淀粉、面粉放入大碗内，加适量清水调成糊，放入山药条，挂匀糊。

3）炒锅上火，放入花生油，烧至五成热（约150℃）时，用筷子夹住山药条再放入糊中裹匀糊，放入热油中炸至外表呈金黄色，倒入漏勺沥油。取一个干净平盘，抹上少许芝麻油，待用。

4）另取炒锅上火，放芝麻油，加清水35克，下白糖，中火化糖，小火上色，等糖浆渐浓时，将炸好的山药条倒入，颠翻均匀，使糖浆都包在山药条上后，倒入抹过芝麻油的平盘内，用筷子分开，凉透后重新装盘，稍作点缀即成。

5. 制作关键

1）山药要蒸熟，但不宜蒸太烂。

2）糊不宜挂太厚。

3）掌握熬糖的火候，中火化糖，小火上色。

技能训练26 琉璃小番茄

菜肴类型：甜菜，冷菜，菜品图见彩图14。

1. 烹法

琉璃。

2. 质量要求

晶莹透亮，色彩鲜红，味甜多汁。

3. 原料

樱桃小番茄20个，白糖200克，熟芝麻20克，芝麻油15克。

4. 制法

1）将樱桃小番茄洗净，控去水，待用。

2）取一个干净平盘，盘内抹匀芝麻油，待用。

3）炒锅上火，放入5克芝麻油、50克清水，下白糖，中火化糖，小火上色，等糖浆渐浓起泡时，用牙签插在樱桃小番茄蒂部，在糖浆中旋转挂浆，提起，放在抹过芝麻油的平盘内，撒上熟芝麻，用筷子分开，抽去牙签，凉透后重新装盘，稍作点缀即成。

5. 制作关键

1）樱桃小番茄应选大小基本一致的。

2）熬糖时放少许油可使糖浆发亮，用水熬糖也可。

技能训练27 糟香仔鸡

菜肴类型：冷菜，菜品图见彩图15。

1. 烹法

煮，浸泡。

2. 质量要求

肉质鲜嫩，糟香醇厚，咸鲜适口。

3. 原料

（1）主料 三黄仔鸡1只（约1000克）。

（2）调料　香糟汁200克，姜片15克，葱段25克，黄酒50克，白糖2克，盐10克，白胡椒粉2克，味精3克。

4. 制法

1）将三黄仔鸡整理干净，剁下鸡爪，剁去趾尖，放入沸水锅焯水3分钟，取出，洗净。

2）锅上火，倒入3000克清水（淹没鸡身），放入三黄仔鸡、姜片、葱段、黄酒烧沸后，改用小火，保持微沸，中途可翻动鸡身一次，煮约15分钟，待煮熟后捞出，放入冰水中浸泡15分钟至三黄仔鸡凉透。

3）将三黄仔鸡取出，控去水，放砧板上，剁下鸡头、鸡颈，将三黄仔鸡从中间剖开成两个半只鸡，卸下鸡腿、鸡翅、鸡脯。

4）取原鸡汤适量，过滤放凉，加香糟汁、白胡椒粉、盐、白糖、味精调匀后，将鸡的所有部位放入香糟卤汁中，浸泡两三个小时。

5）食用时将三黄仔鸡肉改刀装盘，浇上香糟卤汁即成。

5. 制作关键

1）宜选用嫩鸡制作。

2）香糟卤汁和三黄仔鸡都要晾凉后再浸泡。

3）浸泡时间越久越入味。

6. 菜肴变化

糟香黄鱼、糟香猪蹄、糟香鹅掌、糟鸭舌、糟香螺、糟蛋等。

技能训练28　糟香毛豆

菜肴类型：冷菜，菜品图见彩图16。

1. 烹法

煮，浸泡。

2. 质量要求

毛豆色泽翠绿，糟香浓郁，咸鲜适口。

3. 原料

新鲜带荚毛豆500克，香糟汁1瓶。

4. 制法

1）将带荚毛豆洗净，放入沸水锅焯水3~5分钟至断生，倒入漏勺沥去水，用冷水冲凉，再倒入放有冰块的冷水里浸透，以保持外壳翠绿。

2）剪去毛豆荚两端，放盆内，倒入香糟汁浸没毛豆荚，放冰箱冷藏2~4小时。上桌时滤去香糟汁装盘即可。

5. 制作关键

1）宜选用饱满的嫩毛豆荚制作。

2）香糟汁较咸，浸泡时间不要太久。

技能训练 29　孔雀拼盘

1. 原料

糖醋黄瓜，盐卤鸽蛋，糖水红樱桃，西式火腿，烤鸡，蛋黄糕，蛋白糕，虾子卤香菇，葱油海蜇，红毛丹，肉松，盐味胡萝卜，肘花，卤猪舌，蒜油西蓝花，红豆，香菜。

2. 制法

1）肉松堆码成孔雀身的初坯。

2）糖醋黄瓜切蓑衣刀，捻开，由后向前交错排叠成后尾的长羽毛，盐卤鸽蛋切半光面朝上放在蓑衣黄瓜上，樱桃切半错落放在盐卤鸽蛋上。

3）西式火腿、蛋黄糕、盐味胡萝卜、蛋白糕切柳叶形片（柳叶形依次由长渐短，由大渐小）由后向前排叠四层做孔雀身部羽毛。

4）烤鸡脯肉斜批成片，从右下往左上排叠做孔雀胸脯；蛋黄糕、西式火腿、糖醋黄瓜切柳叶形片排叠三层做孔雀颈部和头部羽毛；烤鸡腿肉斜批成片做腿部。

5）虾子卤香菇切圆形小片，嵌红豆做孔雀眼睛；蛋黄糕刻成孔雀爪和嘴；蛋黄糕切丝，按上小的球形糖水樱桃粒做冠。

6）肘花、卤猪舌分别切柳叶形薄片和椭圆形片排叠于盘子的底端做土坡；红毛丹、葱油海蜇分别围叠于土坡两侧做牡丹花，西式火腿切三角形片围叠成大丽花，用蒜油西蓝花和香菜间隔摆放做绿草。

技能训练 30　锦鸡拼盘

菜品图见彩图17。

1. 原料

鱼胶，可可粉，牛奶，盐味红椒，糖醋青椒，蛋黄糕，盐味胡萝卜，红肠，蛋白糕，烤鸡，海藻，蒜油西蓝花，火腿，西式火腿，紫菜蛋卷，银芽鸡丝，酸辣黄瓜。

2. 制法

1）银芽鸡丝堆码成锦鸡的初坯。

2）鱼胶熬化后分别加可可粉和牛奶调匀，凉透凝固后修成半圆形长条状（粗细不等），切成段，由细至粗颜色间隔拼排成两根锦鸡长尾。

3）盐味红椒、糖醋青椒修成长柳叶形做锦鸡尾部羽毛。

4）蛋白糕切柳叶形片从尾部向前排叠出锦鸡身部第一层羽毛；盐味胡萝卜切柳叶形片，由后向前错落排叠出锦鸡身部第二层羽毛；紫菜蛋卷切薄片，从后向前排叠出锦鸡背部羽毛。

5）蛋黄糕切柳叶形片由下至上排叠出锦鸡腹部羽毛，火腿切柳叶形片排叠出锦鸡翅膀。

6）酸辣黄瓜切柳叶形片（带皮）排叠出锦鸡身部第三层羽毛（略压翅部）；红肠切柳叶形片排叠出颈部第一层羽毛，蛋白糕切柳叶形片由下至上排叠出颈部第二层羽毛，头部缀以海藻。

7）圆形蛋白糕片上叠圆形盐味胡萝卜小片做锦鸡眼；蛋黄糕刻成嘴，盐味红椒刻成锦鸡冠；烤鸡脯刻成鸡爪。

8）西式火腿、紫菜蛋卷、烤鸡腿、红肠切成片堆叠做山坡，底部饰以蒜油西蓝花。

9）烤鸡脯肉切成长条状做松枝，酸辣黄瓜切蓑衣刀，捻开做松叶。

技能训练31 鲤鱼拼盘

1. 原料

熟拌鸡丝，火腿，烤鸡，卤猪舌，盐水虾，叉烧肉，如意蛋卷，糖醋胡萝卜，盐水黄瓜，番茄，蛋白糕，白糖，盐水莴笋，蒜油西蓝花，香菜叶，熟豌豆。

2. 制法

1）将熟拌鸡丝堆码成鲤鱼的初坯，并将鱼头、鱼尾处高高垫起。

2）将烤鸡脯切成长条片，依次排列成基础的鱼身部；盐水虾去头尾，依次自下而上成锥形重叠拼摆在鱼身部，完成鱼鳞造型。

3）火腿、卤猪舌、叉烧肉分别切成柳叶形薄片，依次重叠拼摆在鱼尾部，并将一端原料高高垫起；糖醋胡萝卜切成长方形薄片，拼摆在鱼背部；番茄切两片，装点在鱼头处，用蛋白糕、熟豌豆做鱼眼，用一块糖醋胡萝卜修切成鲤鱼嘴形，装点鱼头处；盐水黄瓜切成柳叶形连刀薄片，装点鱼鳍部；用白糖制作两根鱼须，装点在鱼嘴两侧。

4）将盐水莴笋切成椭圆形薄片，依次排列围成荷叶形，并在周围点缀蒜油西蓝花、盐水黄瓜片、如意蛋卷、香菜叶。

技能训练32　蝴蝶拼盘

菜品图见彩图18。

1. 原料

熟鸡丝，虾蓉蛋卷，蟹黄糕，卤冬笋，猪耳糕，熟香肠，醉鸡腿肉卷，蒜汁黄瓜，盐味大虾，红樱桃，佛手罗皮，烤鸭脯。

2. 制法

1）熟鸡丝垫底成蝴蝶轮廓，按实。盐味大虾、虾蓉蛋卷、蟹黄糕、卤冬笋、猪耳糕均切成椭圆形片，从下往上、由外向里依次排叠四五层做蝴蝶的两侧大翅膀。蒜汁黄瓜留皮，略带肉切成蓑衣刀，摆放在两个大翅膀的最外层。

2）蓑衣黄瓜、熟香肠、醉鸡腿肉卷分别切成小椭圆形片，分别排叠成蝴蝶的两侧小翅膀。

3）烤鸭脯修成蝴蝶的身子，再切成瓦楞状摆成蝴蝶的躯干部；取两颗红樱桃摆于蝴蝶头部两侧做眼睛；蒜汁黄瓜留青皮，切成细长丝做胡须；佛手罗皮拼摆成花放在蝴蝶头部上端。

技能训练33　宫灯拼盘

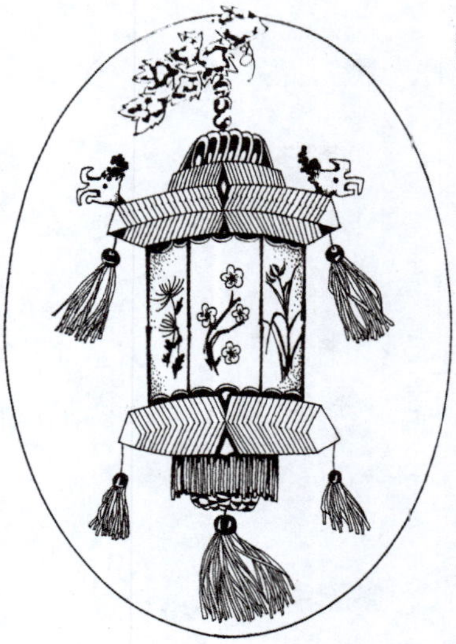

1. 原料

葱烤鱼，西式火腿，琼胶，牛奶，红樱桃，糖醋胡萝卜，蒜味黄瓜，盐水虾，蛋黄糕，蛋白糕，蛋皮，红卤鸭脯，卤香菇，绿豆蓉蛋卷，红肠，香菜叶。

2. 制法

1）葱烤鱼撕成细丝，堆码成宫灯的初坯。

2）乳白色琼胶（琼胶熬化后加牛奶）修切成长方形

片3片，在上面用蒜味黄瓜、蛋黄糕、糖醋胡萝卜拼摆成“梅”“兰”“竹”，再在上面覆上同样大小的透明琼胶冻，然后将其放在灯身的初坯上分别做灯身的左侧面、中间面和右侧面；糖醋胡萝卜切丝，镶嵌于面与面之间的接缝处和灯身两侧的边线上；蒜味黄瓜切半圆形片平排于灯身上下端（圆面朝外）。

3）盐水虾叠成弧面，放在灯底底端，红卤鸭脯斜批成片从左往右排叠在盐水虾上半部做底部围须。

4）绿豆蓉蛋卷切椭圆形片从左往右排叠成灯顶的下半部，红肠切长方形片从左往右排叠成灯顶的上半部。

5）西式火腿切正方形片从左往右排叠成上下灯檐（略压半圆形黄瓜片）。

6）蛋白糕切半圆形厚片（弧面呈波浪形），摆在宫灯的顶端和下端；糖醋胡萝卜刻成铁链状环饰做灯顶吊绳；卤香菇刻切成条状摆在吊绳上端做树枝；香菜叶做树叶。

7）蛋皮切连丝片卷做缨须，红樱桃竖切做缨球，蒜味黄瓜切丝做系绳，做成五个垂缨吊于上下灯檐两端和灯底部。

8）蛋黄糕刻切成龙头形片放于灯上檐两侧，圆形卤香菇切小片用作龙眼。

技能训练34　花篮拼盘

1. 原料

烧鸡脯肉，紫菜蛋卷，炝莴笋，西式火腿，糖醋胡萝卜，盐水鸡脯，卤鸭脯肉，蛋黄糕，盐水虾，红肠，蛋白糕，红油鱼片，卤茭白，炝西蓝花，蒜蓉黄瓜，葱油口蘑，珊瑚卷。

2. 制法

1）烧鸡脯肉切成细丝堆码成篮身初坯。

2）蛋黄糕、蛋白糕、红肠、卤茭白、糖醋胡萝卜、炝莴笋、西式火腿切成椭圆形片分别从下往上、由左向右排叠7层做篮身；盐水虾排叠在篮身下端做篮缀。

3）紫菜蛋卷切成椭圆形，从左往右排叠成花篮内口；西式火腿、蛋白糕、炝莴笋、糖醋胡萝卜、盐水鸡脯分别切片，从右往左层层排叠做花篮外口（最后一片盐水鸡脯略压紫菜蛋卷的第一片）。

4）葱油口蘑刻切成月牙形，正反交替错开排接做篮把。

5）红油鱼片、卤鸭脯肉切片拼摆成牡丹花；西式火腿切梯形片，摆成喇叭花；珊瑚卷斜切成菱形厚片堆摆成大丽花；盐水鸡脯切丝，摆成菊花状；卤茭白刻成玉兰花状；蒜蓉黄瓜切成细条做小草；炝西蓝花缀于鲜花之间；糖醋胡萝卜切成长条片做红绸带。

技能训练35 荷叶拼盘

菜品图见彩图19。

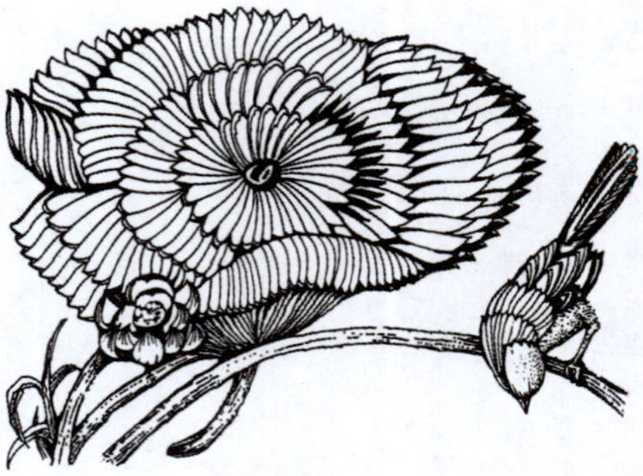

1．原料

盐水莴笋，蛋白糕，蛋黄糕，西式火腿，红肠，熟鸭脯肉，卤墨鱼，熟鸡脯，五香牛肉，鲜黄瓜，糖水胡萝卜，番茄，青椒，红椒，卤香菇，拌鸡丝，金针菇，绿樱桃，小黑豆，洋葱。

2．制法

1）荷叶拼盘垫底：将拌鸡丝码成荷叶的初坯，并将荷叶形的一边高高垫起，形成翻卷状。

2）荷叶外圈的拼摆：鲜黄瓜、蛋黄糕、五香牛肉分别切成柳叶形薄片，重叠拼摆在荷叶初坯的右面；盐水莴笋、蛋白糕、糖水胡萝卜、青椒分别切成薄片，依次拼摆在荷叶初坯的中部与左面，完成荷叶的外圈。

3）荷叶内圈的拼摆：熟鸭脯肉、糖水胡萝卜、番茄、卤墨鱼、西式火腿、红肠切成长条状薄片，依次围拼在荷叶初坯的中心部。鲜黄瓜取皮，切成锯齿状细丝，成放射形拼摆在荷叶初坯的背面。

4）荷叶卷边与叶梗的拼摆：盐水莴笋、蛋白糕切成柳叶形薄片，依次拼摆在荷叶初坯突起的面上。将鲜黄瓜切成较长的叶片状，拼摆在上面。最后选一颗绿樱桃点缀在荷叶中心处，完成荷叶造型。

5）小鸟身部初坯与鸟尾的拼摆：将金针菇切成末，码成小鸟身部的初坯，将糖水胡萝卜、卤香菇切成长羽形，拼摆出小鸟的尾部。

6）小鸟身部羽毛的拼摆：西式火腿、红肠、蛋黄糕、红椒切成羽毛状，重叠拼摆在鸟身部。熟鸡脯修切成形，拼摆在小鸟腹部与腿部。

7）小鸟颈部、面部与荷花的拼摆：蛋白糕切成柳叶形，拼摆在小鸟颈部；番茄切薄片，修成头冠状，装点在头部；蛋黄糕修切成鸟嘴，卤香菇修切成眼睑，装饰在小鸟面部；选一粒小黑豆做鸟眼；糖水胡萝卜切成鸟腿状；将洋葱修切成荷花形，点缀在叶、叶梗之间。

技能训练36 梅花拼盘

1．原料

熟鸡丝，烤鸡脯，鱼糕，南京板鸭、火腿肠，炝莴笋，水晶肴肉，白切肉，蛋黄糕，素火腿，胡萝卜，生姜，鲜香菇，红樱桃，红椒。

2. 制法

1）先将熟鸡丝在盘面中码成大小各异的花瓣形初坯。素火腿、炝莴笋、白切肉、南京板鸭、火腿肠分别切成条形薄片，依次重叠拼摆在主花外层花瓣处。

2）烤鸡脯、鱼糕、水晶肴肉、火腿肠、南京板鸭分别切成条形薄片，依次重叠拼摆在主花内层花瓣处。

3）将烤鸡脯、素火腿、鱼糕、南京板鸭、火腿肠、蛋黄糕、炝莴笋、胡萝卜分别切成条形薄片，重叠拼摆成次花；生姜、红椒分别切成细丝点缀在花蕊处；鲜香菇切成厚片拼摆成主枝干，再切薄片拼摆成各花蒂间连接枝干。红樱桃刻切五瓣，点缀在枝干处。鲜香菇取表皮刻切成“梅”字拼摆在盘中。

技能训练37 帆船拼盘

1. 原料

明胶粉，绿菜汁，拌土豆泥，紫菜蛋卷，红卤鸭脯，虾蓉圆白菜卷，白嫩油鸡脯，盐水对虾仁，红肠，火腿肠，彩色蛋白糕，鳜鱼蛋卷，五香牛肉，油焖冬笋，皮蛋肠，蒸鱼糕，炝西芹，红樱桃，绿樱桃，蜜汁银耳，蒜油西蓝花，松花蛋，拌黄瓜。

2. 制法

1）明胶粉加少量水熬化，加绿菜汁拌匀，加盐调味，倒入盘子（一侧稍垫高）冷凝成胶冻。

2）用拌土豆泥码成帆船的初坯，抹光滑。

3）船身拼摆：白嫩油鸡脯切片，从左往右排叠成船身的底部；紫菜蛋卷切成椭圆形片，排成船的上边沿；红卤鸭脯斜批成片，从左往右排叠成船身的上半部（要压住一点紫菜蛋卷）；虾蓉圆白菜卷切成椭圆形片，从左往右横向排叠于白嫩油鸡脯和红卤鸭脯之间做船身的中段。

4）左帆拼摆：盐水对虾仁、红肠、彩色蛋白糕、火腿肠、鳜鱼蛋卷切半圆形片，从左往右，按序由下向上分别排叠5层做左帆帆面；拌黄瓜切细条镶嵌在每层帆体相接处；炝西芹切段，拼接成桅杆；红樱桃、绿樱桃切半，拼排成桅杆的顶端；拌黄瓜切丝做帆绳。

5）右帆拼摆：五香牛肉、油焖冬笋、皮蛋肠、蒸鱼糕切半圆形片，依次按左帆拼摆方法拼摆成右帆。

6）海浪拼摆：蜜汁银耳散摆于船身下端和船身左下前端做海浪；拌黄瓜切丝，拼摆成盘子右端的海浪。

7）海岸及草木拼摆：油焖冬笋、红肠、紫菜蛋卷、五香牛肉切椭圆形片排叠成海岸；松花蛋切月牙形片做珊瑚石；蒜油西蓝花做绿草装饰。

技能训练 38　牡丹花

雕刻步骤

1）取一个心里美萝卜，截出约2厘米长的一段，以一端为底斜向里修出五个大小相等的略带圆弧的面。

2）用斜口雕刻刀沿每个弧面的边缘用抖刀锯切法抖出牡丹花瓣的形状，再用片刀法雕刻出第一层的5个花瓣，最好使每个花瓣都具有一定的起伏度。

3）在两瓣花瓣中间斜切去一层废料，如此斜切5次，即形成了第二层花瓣的5个弧面。

4）按照刻第一层花瓣的方法抖出第二层花瓣形状，再用片刀法雕刻出第二层的5个花瓣。

5）重复步骤2、3、4，雕刻出第三层的5个花瓣。

6）将剩料修圆，旋出花心的花瓣，花心可以雕刻两层，花心外层和最里层。

技能训练 39　月季花

月季花的颜色多样，层次排列较均匀，叶瓣呈半圆形。月季花的选料一般以白萝卜、胡萝卜、心里美萝卜、土豆、红菜头、牛腿南瓜（实心部位）等为主要原料。

雕刻步骤

将萝卜切成约5厘米高的圆柱体，随后利用旋的刀法将圆柱体的萝卜旋成圆柱形状，然后在圆台的外部分出五等份，由上至下刻出第一层花瓣，然后在花瓣的内侧旋去多余部分，再从外层的两片花瓣的交叉处，交替刻出下一层花瓣的底型，刻出第二层花瓣，按此方法雕刻出三四层花瓣，然后将花心收好，即成一朵月季花。

技能训练 40　菊花

雕刻菊花的原料一般有白萝卜、胡萝卜、心里美萝卜、土豆、红菜头、大白菜等。由于菊花的品种不同，所以形态上也有一些区别。在雕刻过程中，有由外向里刻和由里向外刻两种手法。

雕刻步骤

1）由外向里的刻法：先将萝卜修成菊花的大体轮廓，用V形戳刀由外层的上端向下插至根部，插出第一层花丝，然后利用旋的刀法，旋去多余的部分，再插出第二层花丝，这样逐渐地由表及里一层层地进行刻制，收好花心，一朵含苞待放的菊花就雕刻成了。

2）由里向外的刻法：首先在原料截面的中心，用中号半圆形插刀转刻出2~3厘米深的“凹”心，再用小号V形或U形戳刀，插出里面的花丝，然后用直刀旋去外层多余部分，再用相应的戳刀刻出第二层花丝，如此循环，修好花蒂即可成为一朵菊花。

还有一种用大白菜为原料雕刻的菊花。雕刻方法是：去掉大白菜外层的老帮和菜根，留下白菜头，用V形或U形戳刀，在菜帮的外侧垂直插到菜根部，一片白菜帮上可刻出五六丝菊花瓣，然后用手掰去多余部分，使花瓣间隔分明，层次突出，如此将菊花的外面几层刻好，再在菜心的内侧用同样的手法刻制出花丝，收好花心，刻好后，置于水中使其自然弯曲成菊花形状即可。

技能训练41　荷花

雕刻荷花的原料多以白萝卜、胡萝卜、心里美萝卜为主。工具包括主雕刻刀、U形戳刀，V形戳刀等。

雕刻步骤

1）取一节萝卜，去皮的同时修成圆台的形状，上大下小。

2）将原料切成正六边形，使每一边的平面大小相同。然后在平面上将荷花花瓣的形状用刀尖勾画出来，再由上而下，将花瓣雕刻出来，上薄下厚。

3）修切去废料，从六边形每个边的中点，直刀去废料，形成一个小的六边形。

4）将第二层荷花花瓣在平面上勾画出来，然后用同样的方法将花瓣雕刻出来，切去废料，第三层与第二层方法一致。将花瓣勾画后用主雕刻刀雕刻出来。

5）将六边形棱角去废料雕成圆柱体，然后用V形戳刀将花蕊戳出来。

6）去废料成圆柱体，使花蕊凸显出来，然后将圆柱体削掉一节，用J形戳刀将莲蓬戳出，并将莲蓬细节处理，即成。

技能训练42　马蹄莲

雕刻马蹄莲的原料多以白萝卜、青萝卜为主。工具包括主雕刻刀、U形槽刀，V形戳刀等。

雕刻步骤

1）制坯：取一段长约10厘米的白萝卜，稍粗一端斜切一刀，使截面成椭圆形；然后削出马蹄莲外围轮廓，注意弧面光洁，线条流畅。

2）打边：马蹄莲花瓣边缘呈弧形外翻，雕刻时用U形槽刀将坯体刻出斜边。注意进刀时维持刀体和原料截面成30°～45°夹角；然后沿着斜边的外沿用尖刀划出心形轮廓线。

3）挖花心：首先用主雕刻刀在心形面上确定一条纵向中线作为基准线，然后从左右两边开挖取料，挖出2～3厘米深的花心凹槽，注意最深的位置应靠近心形开口的一侧。

4）修花苞：先用主雕刻刀紧贴斜边薄薄地修出一层花边，厚1～2毫米，不可过薄，否则易破损，透光性过强，颜色会不够白，影响效果。

5）制花蕊：取一小块金黄色老南瓜，用主雕刻刀修出长锥形花蕊，大小要与花冠相配。

6）组装：将小香葱叶两头截去，取约10厘米长度，套在比葱管稍长一点的竹扦上，然后插在花的蒂部；再将花蕊根部用牙签别在花心位置即成。

技能训练43 玉兰花

玉兰花多白色，宜选用白萝卜雕刻；花蕾宜选用胡萝卜雕刻；备带绿叶的芹菜梗适量，最后组装。

雕刻步骤

1）将白萝卜去皮，削修成上大、下小的类似圆柱体的椭圆形状。

2）玉兰花花瓣的雕刻手法与荷花的雕刻手法相似，都是先浅浅地刻出花瓣的轮廓，再在轮廓线上，从两面下刀，薄薄地刻出每片花瓣。唯一与荷花不同的是，荷花是5片花瓣，而玉兰花是3片花瓣。荷花的每片花瓣上，都有一个小尖，而玉兰花的花瓣是圆平的。

3）照此刻法，连续刻至3层，每相邻两层的花瓣之间要错开，将剩余的白萝卜心部挖去，用胡萝卜刻制花蕾，插在花内。最后将铜丝插入芹菜梗中固定，组装即成。

技能训练44 鸳鸯戏水

选用深红心里美萝卜（刻雌鸳鸯），浅红心里美萝卜（刻雄鸳鸯），胡萝卜（刻嘴、头冠），红豆（做眼睛）。工具：平面刻刀，大、中、小圆口戳刀、三角戳刀等。

雕刻步骤

1）先将鸳鸯的雏形刻出，然后从头开始雕刻，头部要突出，身体要肥大，再用平面刻刀修刮光滑。

2）用小号三角戳刀戳出翅膀的外轮廓线，然后用小号圆口戳刀在颈部及胸部位置戳出短羽毛，再用中号圆口戳刀戳出翅膀的羽毛（翅膀前两层为鱼鳞状，后三层要一层比一层长）。

3）用胡萝卜刻嘴、头冠和雄鸳鸯的翅膀，分别安插在各个部位。最后，用雌鸳鸯的废料做雄鸳鸯的尾部，雄鸳鸯的废料做雌鸳鸯的尾部，再安装上红豆做眼睛即成。

技能训练45 长尾鸟

选用较粗较长的胡萝卜2根，准备好雕刻工具。长尾鸟的雕刻最关键的是要掌握好鸟的各部位的大小比例关系，头颈部与躯干部的自然过渡。可以适当夸张，使鸟的翅膀稍微大一点、尾巴稍微长一点，看起来更生动。

雕刻步骤

1）先将胡萝卜粗的一端切去头，在上端一侧约15度角斜切去一块，成一个斜坡，取另一根胡萝卜切下粗的一端，用胶水粘在斜坡上，作为鸟头部分，这样雕刻出来的小鸟形态更加美观自然。在粘上去的胡萝卜左右两侧先各去一刀废料，然后用笔将鸟头的形态画出。

2）再使用主刀沿着所画线条将头部轮廓修出，从嘴部开始修掉棱角并打磨光滑，并将头部细节与肌肉、羽毛雕刻出来。

3）接下来用戳刀定出翅膀部位，最开始可定的稍微大一点，以免后面亏料，再慢慢修至合适大小，并用砂纸将其打磨光滑。

4）打磨光滑后用拉线刀拉出细羽毛，然后先雕出一层复羽（呈鳞片状），雕完第一层后去除一层废料使翅膀具有层次；第二层复羽可以稍微大一点、长一点、自然一点；第三层复羽比第二层再稍长一点，可以刻意让其长短不一，且鳞片也稍大一点；第四层用戳刀推出飞羽，修去不要的部分，再用戳刀推出第二层飞羽。另一侧翅膀也用同样方法雕刻处理。

5）翅膀雕刻好后，用三角凹口戳刀在翅膀与长尾之间的过渡区域雕刻出副尾羽，可以刻一层，也可以刻两层，然后刻尾巴，尾巴可以刻长一点，更具动态，中间最长，两边依次变短。雕好后去除多余废料，将尾巴突显出来。

6）刻出鸟腿、鸟爪。装上仿真眼，放入清水中浸泡一会儿。将多余的大半根胡萝卜雕刻成假山或怪石，也可以用白萝卜或南瓜制作底座，最后将泡水的长尾鸟拿出来组装即成。

技能训练46 凤凰

凤凰是我国吉祥物之一，其在食品雕刻中的表现形式一般有以下几种：丹凤朝阳、百鸟朝凤、龙凤呈祥、凤凰戏牡丹等，多用牛腿南瓜、大白萝卜或大青萝卜雕刻。凤凰的雕刻方法一般是在确定主题后，采用逐层推进的技法一气呵成。

雕刻步骤

1）先切去南瓜的空心部位，用实心部位雕刻。将南瓜立起立平，先修出凤凰的头颈、后背及胸脯的初坯，掌握好总体布局和结构比例。

2）雕刻出凤冠、凤头、眼睛，将头部完整地刻好，接着用小的U形戳刀将凤凰脖颈上的羽毛戳刻出来，从上至下依次雕刻三四层，每刻好一层用直刀旋去戳刀留下的痕迹，使其层次分明。

3）雕刻身体部分及凤背的相思羽，手法是在背部上面刻出相思羽的轮廓“凹”形，再将身体的轮廓刻出来，接着刻两侧翅膀，包括复羽、飞羽，刻细修好，最后刻好相思羽。

4）刻凤尾及腿的部分，手法是将原料最外层表皮薄薄地削去一层呈现翠绿色，用U形刀在凤身与尾的交接处戳出长短不等的羽毛（两侧稍长，中间稍短），再用直刀旋刻去插刀的痕迹。用划的手法，划刻出凤凰的3条弯曲飘扬的长尾线条图案，然后将腿爪刻出，连同尾部一起镂空，使作品成为由2条腿和3条凤尾做支点的镂空立体雕刻，最后刻好底座部分，这样凤凰的雕刻就完成了。底座部分也可以刻上其他内容，形成不同的作品。另外，凤凰头上的冠、肉垂及相思羽也可以单独刻好，后期组装。

技能训练47 热带鱼

热带鱼又名神仙鱼、燕鱼、小鳍帆鱼等。头小而尖、体侧扁，呈菱形，背鳍和臀鳍非常大，挺拔如三角帆，上下鳍对称，尾巴似蒲扇。其腹鳍特别长，如飘动的丝带，被誉为热带观赏鱼中的“皇后鱼”。热带鱼雕刻可以选用多种果蔬原料，如南瓜、心里美萝卜、胡萝卜、青萝卜等，可以用一种原料整雕而成，也可以用两种原料零雕组装（头部、躯干部、尾巴用一种原料雕刻，上下对称的鳍用另一种颜色的原料雕刻，然后组装）而成。

雕刻步骤

1）用刀将南瓜切成长10厘米、宽8厘米、厚1厘米或1.5厘米的大扁片（块），用刀尖或笔勾画出热带鱼的基本轮廓，主要将头部、躯干部、尾部、上下鳍的大小比例和所在位置确定下来。

2）用主雕刻刀和小号圆口戳刀先雕刻出鱼嘴、鱼眼、眼眶，再刻出鱼的鳃盖，修去不要部分，使鱼嘴、鱼眼、鳃盖向外突出，具有立体感。

3）用平口刀沿鳃盖后缘起，由前向后刻出鱼鳞。刻鱼鳞时，第一层的鳞片要小一点，要一片挨着一片，第二层的鳞片要与第一层的鳞片交错开来，第三层的鳞片要比前两层大一点，然后逐渐变大，过了背鳍后，鳞片要逐渐变小，直至鱼尾。

4）用平口刀修出鱼尾的形状（大开口的剪刀形），要修得光滑，再用V形走线戳刀推刻出尾鳍上的纹路。

5）用平口刀将背鳍和腹鳍的厚度修去近一半，仍使其与鱼身相连，靠近鱼身的鳍的根部要稍厚一些，以防止断裂，再用V形走线戳刀推刻出鳍上的纹路。

6）取一片南瓜，用V形走线戳刀推刻出两条细丝，装在鱼的下颌部，成鱼须，即成热带鱼。鱼眼睛也可以装仿真眼。

技能训练 48 虾趣

虾的雕刻，可选用的原料有胡萝卜、莴笋、青萝卜、牛腿南瓜等，白萝卜、西葫芦等可作为虾篓、底座等配件的雕刻用料。所用工具主要有主雕刻刀、三角戳刀、圆口戳刀等。

雕刻步骤

1）取西葫芦1个，切去小头（约1/2），用小号三角戳刀把虾篓的编织纹路刻出来，在切口处雕刻出虾篓的花瓶口，用大号戳刀戳出一个虾篓口，将虾篓口打开，用不锈钢汤勺挖出内瓤，用大号三角戳刀戳出虾篓的篓眼儿，最后用平面刻刀反复修饰，直至完成。

2）用雕刻刀将南瓜刻出海螺的雏形，用大号戳刀挖空海螺的螺心，用中号三角戳刀戳出旋转的螺纹即成海螺，也可以刻一个扇贝。

3）取胡萝卜1根，用主雕刻刀切去胡萝卜的头部，再顺长切去两侧的匾弧外皮，先雕刻出扇形虾尾，再粗刻出虾身、虾头、虾须的分段比例，虾头虾身与虾须的比例一般为1：1。用主雕刻刀刻出虾身的6节虾壳，要带有弧形，再刻出腹部的划水（游泳足）5对。

4）雕刻虾头时，要先用斜口平面雕刻刀雕刻出头部壳的轮廓，后面宽前面窄，转角呈弧形，修去部分胡萝卜使头壳突出，然后刻出虾枪（头部额剑，上有小锯齿）和小触角；在虾枪两侧刻出虾眼，虾眼呈棒状。

5）用小三角戳刀戳出虾须（要细一些），再戳出虾的步足（可适当粗一些），修去不要的部分，再精雕细刻至外形逼真。如此雕刻出3～5只虾。

6）用牙签将虾固定在虾篓上，用海螺、扇贝及绿色植物装点即成。

技能训练 49 宴会冷菜菜单实例

宴会冷菜菜单 1

盐水大虾 双黄咸鸭蛋 五香牛肉 水晶肘花

葱油海蜇 卤金钱香菇 酱汁茭白 蓑衣黄瓜

宴会冷菜菜单 2

糟香仔鸡 油爆大虾 蜜汁叉烧 蒜香牛肚

糖醋熏鱼 姜米菠菜 卤汁春笋 葱油银芽

宴会冷菜菜单 3

夫妻肺片 盐水鸭肫 麻辣手撕兔 怪味仔鸡

红油腐竹 酸辣泡菜 海米拌香芹 蓝莓山药

宴会冷菜菜单 4

茄酱排骨 酥烤鲫鱼 麻酱脱骨鸭掌 卤水墨鱼仔

糟水毛豆　蒜油莴笋　海蜇拌金针菇　五香素烧鸭

宴会冷菜菜单 5

老醋蜇头　盐水鸭脯　蒜泥白切肉　香辣熏鱼
油爆大虾　三鲜烤麸　松仁拌豆苗　虾子冬笋

宴会冷菜菜单 6

酱鸭　熟醉六月黄　炝拌鱼片　卤水豆腐
冻蹄　八宝熬面酱　冰镇苦瓜　糯米甜藕

宴会冷菜菜单 7

豉油乳鸽　椒盐带鱼　葱油萝卜丝　大烤墨鱼
水晶猪蹄　香菜生仁　火腿拌豆瓣　蒜油秋葵

宴会冷菜菜单 8

腐乳炝虾　红卤鸡翅中　白切羊肉　手撕黄鱼鲞
酸辣豆角　蚝油杏鲍菇　麻油干丝　姜末空心菜

复习思考题

1. 简述宴会热菜的组配原则。
2. 简述宴会冷菜的组配原则。
3. 简述扒的技术要求。
4. 简述烤的技术要求。
5. 简述煨的技术要求。
6. 简述塌的技术要求。
7. 简述琉璃的技术要求。
8. 简述糟的技术要求。
9. 简述制作花式冷菜的注意事项。
10. 简述食品雕刻的种类。

模拟题

中式烹调师（高级）理论知识模拟题

一、单项选择题（在下列每小题的四个备选答案中选出一个最佳答案，并将其字母标号填入题干的括号内）

1. 烹制荤菜时，在锅中加入黄酒会产生香气，这是加热过程中的（　　）。
A. 氧化作用　B. 酯化作用　C. 还原作用　D. 酒化作用
2. 制作拔丝甜菜主要是利用糖的（　　）。
A. 氧化作用　B. 还原作用　C. 焦化作用　D. 酒化作用
3. 在炸脆皮鸡之前一般先用白卤水浸煮，（　　）是浸制的要领之一。
A. 白卤水要新鲜　B. 先要擦干鸡体油分和水分再浸
C. 必须与香料袋同时浸制　D. 火不宜太猛，以刚熟为度
4. 根据（　　），脂肪酸分为饱和脂肪酸和不饱和脂肪酸两大类。
A. 脂肪在人体合成的状况　B. 脂肪碳原子价键的不同
C. 脂肪的提取物　D. 脂肪的消化率高低
5. 从营养学角度分析，豆腐最好不要和（　　）搭配使用。
A. 菠菜　B. 淡菜　C. 花菜　D. 雪菜
6. 干货涨发的最终目的是（　　）。
A. 重新吸水　B. 蛋白质变性　C. 除腥去臊　D. 改善风味
7. 对于冷冻类原料而言，所挂的糊应（　　）。
A. 略稠一点　B. 略稀一点　C. 很稀　D. 很稠
8. 熟碱水的调配比例通常是开水：碱面：石灰清为（　　）。
A. 10 千克：350 克：150 克　B. 9 千克：350 克：200 克
C. 9 千克：250 克：250 克　D. 9 千克：300 克：200 克
9. 菜肴勾芡后，芡汁的油亮程度与（　　）无关。
A. 芡粉的质量　B. 勾芡的手法
C. 芡的稀稠程度　D. 芡汁含油量的多少
10. 在配菜中，五彩炒肉丝主辅料颜色的搭配属于（　　）搭配。
A. 冷色　B. 暖色　C. 顺色　D. 异色

11. 滑炒类菜肴的主料在滑油前一般需要（　　）。

A. 上浆　　B. 挂糊　　C. 勾芡　　D. 拍粉

12. 蓉胶是一种运用较多的复合性材料，其最大的特点是（　　）。

A. 食用对象为老年人　　B. 食用对象为幼儿

C. 可塑性强　　D. 延长成熟时间

13. 熘皮蛋最好采用（　　）制作。

A. 脆皮糊　　B. 水粉糊　　C. 全蛋糊　　D. 发粉糊

14. 烹饪原料经过初加工、配菜之后，在正式烹制前，还需要进行的加工称为（　　）。

A. 腌制加工　　B. 制熟加工　　C. 预熟加工　　D. 优化加工

15. 滴油是（　　）。

A. 猪腿顶端的肥肉　　B. 鸡腿上面的油块　　C. 火腿的顶端部位　　D. 羊腿顶端的肥肉

16. 将成熟的原料进行刀工处理并装盘成菜的配菜方法属于（　　）。

A. 热菜配菜　　B. 冷菜配菜　　C. 花色配菜　　D. 一般配菜

17. 家畜肉自屠宰起至肉质变坏，会经过（　　）四个阶段。

A. 成熟、自溶、尸僵、腐败　　B. 自溶、成熟、尸僵、腐败

C. 尸僵、成熟、自溶、腐败　　D. 成熟、尸僵、自溶、腐败

18. 下列菜肴中（　　）属于烩制菜肴。

A. 鸡粥蹄筋　　B. 水晶肴蹄　　C. 蜜汁山药　　D. 三鲜虾饼

19. 不同的原料应采用不同的切割方法，螃蟹应选用（　　）的方法加工。

A. 推切　　B. 锯切　　C. 铡切　　D. 拉切

20. 脆性植物性原料在刀工处理时通常运用（　　）方法进行。

A. 直刀推切　　B. 直刀拉切　　C. 直刀锯切　　D. 直刀跳切

21. 鲈鱼丝上浆后的滑油温度一般以（　　）左右为宜。

A. 70℃　　B. 110℃　　C. 150℃　　D. 180℃

22. 关于烹调方法煎的不正确描述是（　　）。

A. 原料多为扁平形状　　B. 原料多为大块整只形状

C. 小油量煎至两面黄　　D. 质感外酥里嫩

23. 纸包炸原料下锅初炸的最佳油温是（　　）。

A. 120℃　　B. 150℃　　C. 180℃　　D. 210℃

24. 将两种或两种以上的食物混合食用，以提高食物中蛋白质的营养价值，称为蛋白质的（　　）。

A. 凝固作用　　B. 互补作用　　C. 亲水作用　　D. 水解作用

25. 烹的作用之一是（　　）。

A. 增进美味　　B. 确定口味　　C. 成熟杀菌　　D. 降低成本

26. 我国各地普遍栽培的韭菜以（　　）居多。

A. 根韭　　B. 叶韭　　C. 花韭　　D. 叶花兼用韭

27. 不属于鲜活原料初步加工原则的是（　　）。

A. 必须符合食品卫生的要求　　B. 尽可能保存原料的原有滋味

C. 应保持原料形状的完整美观　　D. 节约用料避免浪费

28. 牛肉上浆时习惯上要加入苏打粉，其目的是（　　）。

A. 致嫩　　B. 提白　　C. 增色　　D 调味

29. 水发干货是利用（　　）作用，使干料重新吸收水分，并使质地柔软。

A. 干料吸水　　B. 干料亲水　　C. 水的涨发　　D. 水的渗透

30. 一斜刀一直刀剞后改刀成长方片，受热卷曲形成的形态是（　　）。

A. 卷筒形　　B. 荔枝形　　C. 麦穗形　　D. 菊花形

31. 下列菜中必须加琼脂或明胶凝冻成菜的是（　　）。

A. 雪菜鲈鱼冻　　B. 水晶肴蹄　　C. 水晶鸭舌　　D. 水晶牛蹄冻

32. 用竹扦刺入火腿厚肉部位，拔出后闻到炒芝麻香味，表明火腿（　　）。

A. 质量极佳　　B. 保存期即将结束

C. 肉层开始有轻度酸败　　D. 已经严重腐败

33. 不适合于剞兰花刀的原料是（　　）。

A. 土豆　　B. 萝卜　　C. 豆腐　　D. 莴笋

34. 猪肚的洗涤方法应采用（　　）。

A. 擦洗法　　B. 冲洗法　　C. 盐醋搓洗法　　D. 漂洗法

35. 把鸭肫仁加工成肫花所用的刀法是（　　）。

A. 剞刀法　　B. 标准刀法　　C. 特殊刀法　　D. 直刀法

36. 下列单一味中，说法不准确的是（　　）。

A. 酸味有去腥解腻作用　　B. 咸味有提鲜去腥作用

C. 甜味不能做主味　　D. 辣味能盖住鲜味

37. 在脆皮糊中加入泡打粉的作用是（　　）。

A. 提白　　B. 膨松　　C. 致嫩　　D. 滋润

38. 灌馅鱼丸制作过程中鱼丸生坯入水锅时的水温应是（　　）。

A. 冷水　　B. 热水　　C. 温水　　D. 沸水

39. 适合用里外翻洗法的原料是（　　）。

A. 猪肺　　B. 猪心　　C. 猪肠　　D. 猪肾

40. 冷菜品尝的最佳温度一般在（　　）左右。

A. 50℃　　B. 40℃　　C. 30℃　　D. 20℃

41. 不需要加琼脂也可以成菜的是（　　）。

A. 水晶鸭舌　B. 八宝冻鸡　C. 时鲜果冻　D. 水晶肴蹄

42. 下列蓉泥制品中不属于蓉胶制品的是（　　）。

A. 莲蓉　B. 鱼蓉　C. 虾蓉　D. 鸡蓉

43. 炸类菜品在上桌食用时最好用（　　）的调味方式调味。

A. 浇卤　B. 淋汁　C. 跟碟　D. 和汁

44. 不易使原料均匀受热的传热介质是（　　）。

A. 水　B. 水蒸气　C. 食用油　D. 盐粒

45. 烤乳猪外皮的颜色可以通过（　　）获得。

A. 红曲米　B. 苋菜红　C. 南乳汁　D. 蜂蜜

46. 在一个萝卜上雕刻一个完整的动物图案的雕刻手法属于（　　）。

A. 浮雕　B. 整雕　C. 组雕　D. 凸雕

47. 完全蛋白质主要来源于（　　）。

A. 肉皮、大豆、牛奶、鸡蛋　B. 鸡蛋、鱼肉、鸡肉、牛肉

C. 猪肉、牛肉、鱼肉、米面　D. 鸡肉、牛肉、鸡蛋、土豆

48. 制作虾蓉时通常要加入马蹄，主要目的是（　　）。

A. 增加滋润度　B. 增加酥脆质感　C. 增加洁白程度　D. 缩短成熟时间

49. 用葱姜蒜炝锅的目的是（　　）。

A. 酯化生香　B. 扩散入香　C. 吸附带香　D. 挥发增香

50. 羊方藏鱼的鱼最好选用（　　）。

A. 鲫鱼　B. 鳜鱼　C. 草鱼　D. 鲤鱼

51. 粤菜料头中“煎封料”是（　　）。

A. 蒜蓉、姜米、洋葱米　B. 蒜蓉、姜米、葱米

C. 蒜蓉、姜米、葱花　D. 蒜蓉、葱米、椒米

52. 关于卤的烹调方法，（　　）的说法是错误的。

A. 粤菜的卤水分红卤水和白卤水两种　B. 卤水分一般卤水、精卤水和潮州卤水三种

C. 加热时间较长，火力较弱　D. 卤水是用浸制方式加热

53. 从营养角度分析，（　　）对原料的营养价值有一定的破坏作用。

A. 碱发　B. 火发　C. 油发　D. 水发

54. 制作高级清汤时料与水的最佳比例为（　　）。

A. 1 ∶ 2　B. 1 ∶ 3　C. 1 ∶ 4　D. 1 ∶ 5

55. 沸水锅内加入适量的食碱和油对原料进行焯水处理，比较适用于（　　）。

A. 动物性原料　B. 植物性原料　C. 矿物性原料　D. 人工合成原料

56. 炸糖醋排骨时，高油温投料后要降低油温浸炸，其作用是（　　）。

A．使浆粉定型　　B．便于原料熟透　　C．便于原料着色　　D．使成品酥脆

57．下列原料中，对牛肉不具备致嫩功能的是（　　）。

A．小苏打　　B．清水　　C．蛋清　　D．葱汁

58．原料选择首先要遵循的基本原则是（　　）。

A．食用要求　　B．卫生法　　C．动植物保护法　　D．营养法

59．“夏至鲫鱼空壳子，端午螃蟹空架子”说的是原料选择应注意（　　）。

A．季节因素　　B．个体肥大　　C．个体较小　　D．个体中等

60．软炒宜运用（　　）烹制。

A．慢火或中火　　B．中慢火或中火　　C．中火或中猛火　　D．中火或慢火

61．适合用油锅预熟法的原料是（　　）。

A．百叶　　B．豆腐　　C．豆芽　　D．菠菜

62．不宜制作清汤的原料是（　　）。

A．鸡肉　　B．牛肉　　C．猪肉　　D．鱼肉

63．配菜是一项很重要的日常工作，配菜时要力求做到快捷、准确、齐全、恰当，即动作快捷，（　　）准确，配料齐全，摆放恰当。

A．规格　　B．时间　　C．用料　　D．配形

64．葱椒味的调味原料一般是（　　）。

A．葱和花椒　　B．葱和胡椒　　C．葱和辣椒　　D．葱和香蕉

65．人之所以能感受到滋味是因为味刺激了人口腔内舌头上的（　　）细胞。

A．味素　　B．味蕾　　C．味胞　　D．味感

66．菜品味重，纯厚醇浓，突出咸鲜为主，擅用葱蒜的菜系是（　　）。

A．淮扬菜　　B．四川菜　　C．山东菜　　D．粤菜

67．煎制菜肴应达到的基本颜色是（　　）。

A．色泽金黄　　B．色泽焦黄　　C．色泽淡黄　　D．色泽微黄

68．螃蟹蒸熟后，剔蟹黄、蟹肉的步骤是：先卸下蟹爪，再掀开蟹盖，然后去（　　），取黄，去其胃，剔出蟹肉，再处理蟹爪。

A．蟹胃　　B．蟹膏　　C．蟹鳃　　D．蟹盖

69．烧烤时，不宜使用（　　）为能源。

A．天然气　　B．煤气　　C．煤炭　　D．电

70．炸大红脆皮鸡的油温运用应该是（　　）。

A．直接油炸的方法　　B．分阶段变化油温的方法

C．低温投料，高温起锅的方法　　D．高温抢色，中温固色的方法

71．从营养角度讲，烟熏食品通常（　　），因此不提倡多食用。

A. 制作烦琐　B. 口味不佳　C. 含有致癌物　D. 口感不爽

72. 下列菜肴中（　　）不符合配菜中遵循的“脆配脆、软配软、嫩配嫩”的原则。

A. 油爆双脆　B. 大良炒牛奶　C. 韭黄炒鸡丝　D. 腰果鸡丁

73. 涨发好的燕窝应该达到质地柔软、色泽洁白和（　　）的要求。

A. 无杂质　B. 无燕毛　C. 无杂质、无燕毛　D. 无灰臭味

74. 下列原料中，适合推切的原料是（　　）。

A. 牛里脊肉　B. 鸡脯肉　C. 新鲜猪肝　D. 熟火腿

75. 下列干货原料中，适合碱水涨发的是（　　）。

A. 海米　B. 干贝　C. 蹄筋　D. 干木耳

76. 霸王别姬一菜的命名方式属于（　　）。

A. 间接命名法　B. 直接命名法　C. 其他命名法　D. 谐音命名法

77. 一般人都不太喜欢苦味，随着年龄增大对苦味的反应（　　）。

A. 更加敏感　B. 稍有迟钝　C. 稍有喜欢　D. 基本适应

78. 为了不影响“大良炒鲜奶”的成菜色泽，宜选用（　　）作为传热介质。

A. 豆油　B. 棉籽油　C. 菜籽油　D. 色拉油

79. 水产品初加工的基本要求是注意水产品（　　）的整齐与美观。

A. 成型　B. 形态　C. 形状　D. 规格

80. 花椒加工成花椒面可选用（　　）的方法完成。

A. 跳刀切　B. 抖刀切　C. 铡刀切　D. 拉刀切

81. 最能体现鲜活鳜鱼本味的烹调方法是（　　）。

A. 清蒸　B. 红烧　C. 油炸　D. 醋熘

82. 粤菜的以下酱汁中，带辣味的酱汁是（　　）。

A. 煲仔酱（红烧酱）　B. 百搭酱

C. 京都汁　D. 煎封汁

83. 苦瓜的净料率一般为（　　）。

A. 60%　B. 65%　C. 70%　D. 80%

84. 不需要上浆也不影响成菜质感的原料是（　　）。

A. 猪肉丝　B. 豆腐丝　C. 鳜鱼丝　D. 鸡肉丝

85. 西瓜灯雕刻手法中的突环技术属于（　　）。

A. 镂空雕　B. 整雕　C. 浮雕　D. 零雕组装

86. 关于脂肪的生理功能叙述不正确的是（　　）。

A. 构成人体组织

B. 供给必需脂肪酸

C．脂肪是脂溶性维生素 A、维生素 D 等的溶剂

D．每 100 克脂肪在人体内完全氧化可释放 0.5 千卡[㊀]的热量

87．胶冻类冷菜一般适合在（　　）季制作。

A．春　　B．夏　　C．秋　　D．冬

88．鱼肉的营养价值较高，含完全蛋白质，其蛋白质的消化率一般可达到（　　）。

A．70%～80%　　B．80%～85%　　C．85%～95%　　D．95%～99%

89．下列说法中不属于“料头”作用的是（　　）。

A．增加菜肴的香气滋味，增加锅气　　B．消除或掩盖原料变质异味

C．便于识别菜肴的烹调方法和味料搭配　　D．丰富菜肴色彩，使菜肴更加美观

90．菜肴制作中会有适当的葱做料头，如炒猪肝的葱一般加工成（　　）状。

A．雀舌葱　　B．葱弹子　　C．开花葱　　D．鱼眼葱

91．下列海味干货中，涨发净料率为 150% 的是（　　）。

A．鳝肚　　B．花胶　　C．珧柱　　D．鱼唇

92．炸的烹调方法在调味手法上属于（　　）。

A．烹前调　　B．烹中调　　C．烹后调　　D．混合调

93．响螺初加工取出螺肉，去掉螺厣后，一般用（　　）刷洗去黏液和黑衣。

A．食盐　　B．食粉　　C．枧水　　D．纯枧

94．盛装清蒸鳜鱼宜选用（　　）作为餐具。

A．圆盘　　B．腰盘　　C．汤盘　　D．砂锅

95．非味觉感受器也能感受到的味道是（　　）。

A．酸　　B．苦　　C．咸　　D．辣

96．荷叶糯米鸡的成型手法属于（　　）。

A．卷　　B．包　　C．镶　　D．夹

97．煲仔酱配方中的主要酱料是（　　）。

A．豆瓣酱　　B．花生酱　　C．柱侯酱　　D．磨豉酱

98．整鱼出骨原料的重量一般以（　　）克为宜。

A．300　　B．400　　C．500　　D．700

99．下列刀法中不属于直刀法的是（　　）。

A．削法　　B．切法　　C．剁法　　D．斩法

100．菜肴的命名方法很多，在主料前冠以主要调味品命名的菜肴是（　　）。

A．麻辣豆腐　　B．麻婆豆腐　　C．杏仁豆腐　　D．锅塌豆腐

㊀ 1 千卡 =4.184 千焦。

101．有关腌制方法适用性的说法，错误的是（　　）。

A．适用于动物性原料，不用于植物性原料

B．可用于小件原料，也可用于大件原料

C．可用于生料，也可用于熟料

D．适用于熟料，不适用于成品

102．制作芙蓉鱼片的最佳选料是（　　）。

A．草鱼　B．黄鳝　C．鲤鱼　D．白鱼

103．制作卤水制品，应在卤水（　　）时捞出卤制品，可使卤制品色泽鲜亮。

A．滚沸　B．温热　C．滚烫　D．凉透

104．盐焗这种烹调方法最早运用于（　　）菜系中。

A．江苏　B．广东　C．四川　D．山东

105．菜肴滑油时原料与油的比例一般是（　　）。

A．1 ∶ 1　B．1 ∶ 2　C．1 ∶ 5　D．1 ∶ 7

106．可能受到多环芳烃化合物污染的食品是（　　）。

A．咸肉　B．腊肉　C．烤肉　D．火腿

107．可用爆法成菜的一组原料是（　　）。

A．韭黄　肉丝　B．肚尖　肫仁　C．茄子　鱿鱼　D．土豆　辣椒

108．调味的原则之一是（　　）。

A．随意调味　B．依据传统　C．因人因时调味　D．依据风俗调味

109．筵席具有（　　）的特点，菜点是按一定的规律组成，是一个相互配合的有机整体。

A．规格化　B．形式典雅　C．规模较大　D．气氛隆重

110．成菜过程中不适宜选用高温油制作的菜肴是（　　）。

A．虎皮肉　B．芙蓉鱼　C．香酥鸭　D．菊花鱼

111．鱼肚的涨发方法是（　　）。

A．只能油发　B．只能水发

C．只能碱发　D．既可油发也可水发

112．鱼类原料含有较重的腥味，去腥的方法可采用（　　）。

A．加酒　B．加酒、醋、葱、姜等

C．加醋　D．加葱姜

113．菜肴点缀的形式很多，绣球鱼肚属于（　　）。

A．以菜围菜　B．以点心点缀　C．以烹饪原料点缀　D．以花卉点缀

114．雕刻品常用的保管方法是（　　）。

A．氢氧化钾溶液浸泡　B．油水浸泡

C．清水浸泡　　D．高锰酸钾溶液浸泡

115．下列原料中，维生素C含量最高的食物是（　　）。

A．红薯　　B．柑橘　　C．猕猴桃　　D．辣椒

116．京葱扒鸭在正式成熟前要经过（　　）。

A．卤汁走红　　B．浇卤上色　　C．过油走红　　D．淋卤上色

117．易引起副溶血性弧菌食物中毒的食品是（　　）。

A．鲜肉　　B．蔬菜　　C．豆类　　D．海贝

118．中医认为，羊肉的最佳食用季节是（　　）。

A．冬季　　B．夏季　　C．春季　　D．秋季

119．牛肉在切丝时宜（　　）切。

A．斜丝　　B．顺丝　　C．顶丝　　D．没有具体要求

120．最适宜切割面包的刀法是（　　）。

A．推拉切　　B．跳刀切　　C．滚料切　　D．斜刀切

121．将鲜活原料由毛料形态变为（　　）的加工过程称为鲜活原料的初步加工。

A．定形规格　　B．标准形态　　C．净料形态　　D．精细加工形态

122．蜜汁哈士蟆的命名方法属于（　　）。

A．主料＋烹法　　B．烹法＋主料　　C．调味品＋主料　　D．主料＋调味品

123．适合油炸去皮的一组原料是（　　）。

A．核桃、柿子　　B．花生、桃子　　C．核桃、花生　　D．柿子、桃子

124．影响净料成本高低的因素主要有原料质量、（　　）和工作态度等。

A．原料数量　　B．原料种类　　C．加工要求　　D．技术水平

125．属于细菌性食物中毒的是（　　）。

A．河豚中毒　　B．副溶血性弧菌食物中毒

C．毒蕈中毒　　D．真菌及其毒素食物中毒

126．适合于整鱼脱骨的原料是（　　）。

A．黄鳝　　B．鲤鱼　　C．草鱼　　D．鳗鱼

127．用传统面肥发酵后的面团必须（　　）。

A．加适量酸　　B．加大量酸　　C．加大量碱　　D．加适量碱

128．制作虾蓉胶时通常要加入熟肥膘，主要目的是（　　）。

A．增加酥脆质感　　B．增加洁白程度　　C．增加滋润度并固形　　D．缩短成熟时间

129．蛏子在用盐水活养去沙时，盐水的浓度应在（　　）左右。

A．1%　　B．2%　　C．3%　　D．4%

130．上浆后的鸡片的滑油温度一般以（　　）左右为宜。

A. 70℃　B. 110℃　C. 150℃　D. 180℃

131. 下列维生素中属于脂溶性的是（　　）。

A. 维生素 B_1　B. 维生素 C　C. 维生素 B_2　D. 维生素 E

132. 在制作水氽虾丸蓉胶时，一般不在其蓉胶中加入（　　）。

A. 葱姜汁　B. 料酒　C. 姜末　D. 葱姜酒汁

133. 制作肉丸从效率上看，使用（　　）的效率最高。

A. 单刀剁　B. 双刀剁　C. 木棒捶　D. 粉碎机

134. 春有刀鲚夏有鲥说的是（　　）。

A. 原料的个体因素　B. 原料的季节因素

C. 注意原料的特性　D. 原料的混合使用

135. 一般情况下，能直接提供热能给予中枢神经系统的营养素是（　　）。

A. 脂肪酸　B. 氨基酸　C. 神经磷脂　D. 葡萄糖

136. 制作整鸭类菜肴最好从（　　）开膛，以保持美观。

A. 胸部　B. 腹部　C. 背部　D. 翅部

137. 下列原料中，最适合用沸水锅焯水的原料是（　　）。

A. 整鸡　B. 整鸭　C. 蹄髈　D. 鸡爪

138. 鱼类去内脏时应注意（　　）。

A. 不能划破鱼肠　B. 不能划破胆　C. 不能损坏鱼鳔　D. 不能损坏鱼肝

139. 葫芦虾蟹的成菜手法属于（　　）。

A. 卷制　B. 扣碗　C. 包扎　D. 酿藏

140. 区别成本和费用概念后，饮食企业成本核算的主体是饮食产品的（　　）。

A. 总成本　B. 主料成本　C. 原材料成本　D. 生产性成本

141. 下列物质中，不能被人体消化吸收的是（　　）。

A. 蛋白质　B. 脂肪　C. 葡萄糖　D. 膳食纤维

142. 淮扬传统名菜清炖蟹粉狮子头选用的猪肉是（　　）。

A. 猪前夹肉　B. 猪后腿肉　C. 猪上脑肉　D. 猪五花肉

143. 烹调中运用汤匙、手勺等对调味品用量进行估算的方法是（　　）。

A. 容器估量法　B. 体积估量法　C. 比例对照法　D. 重量估算法

144. 大红浙醋的大红指的是（　　）。

A. 醋的颜色　B. 醋的产地　C. 醋的品牌　D. 醋的风味

145. 长期食用精白米面容易引起缺乏的营养素是（　　）。

A. 维生素 A　B. 维生素 D　C. 维生素 E　D. 维生素 B_1

146. 火腿中的南腿是指（　　）。

A．如皋火腿　B．宣威火腿　C．腾越火腿　D．金华火腿

147．不属于我国四大淡水养殖鱼的是（　　）。

A．黑鱼　B．青鱼　C．草鱼　D．鲢鱼

148．风蹄的选料一般是（　　）。

A．猪前右蹄　B．猪前蹄　C．猪后右蹄　D．猪后蹄

149．结球甘蓝又称（　　），是目前产量较高的蔬菜之一。

A．生菜　B．卷心菜　C．大白菜　D．西蓝花

150．对虾属于（　　），全身分为头胸部、腹部和尾部。

A．甲壳类动物　B．软体类动物　C．棘皮类动物　D．腔肠类动物

151．花色冷菜制作的一般步骤为（　　）。

A．垫底、盖面、点缀　B．构思、选料、垫底、盖面、点缀

C．选料、拼摆　D．垫底、盖面

152．加工蚝油的原料是（　　）。

A．贻贝　B．扇贝　C．牡蛎　D．竹蛏

153．味精在使用时必须与（　　）配合使用才能体现出鲜味。

A．咸味调味料　B．甜味调味料　C．酸味调味料　D．香味调味料

154．芙蓉鸡片中加入一定量的肥膘蓉，其目的是（　　）。

A．增白　B．滋润　C．定型　D．味浓

155．被称为世界四大干果的是核桃、腰果、扁桃仁和（　　）。

A．榛子　B．花生仁　C．松子仁　D．开心果

156．冷菜拼盘在拼摆假山时，山的底部原料在颜色上一般多选用（　　）。

A．颜色较浅的原料　B．颜色较深的原料

C．颜色偏红的原料　D．颜色偏绿的原料

157．必须通过整料出骨才能成菜的菜肴是（　　）。

A．清蒸鳜鱼　B．醋熘鳜鱼　C．三鲜脱骨鱼　D．荷包鲫鱼

158．下列口蘑品种中，以（　　）的色香味最佳。

A．青蘑　B．黑蘑　C．杂蘑　D．白蘑

159．加工动物性蓉胶时宜选择蛋白质含量高的原料，其目的是（　　）。

A．有利于入味　B．增加吸水性　C．提高营养　D．便于成熟

160．燕窝涨发中加入碱的目的是（　　）。

A．增香味　B．去异味　C．涨发　D．洗涤

161．下列蔬菜中不属于根菜类蔬菜的是（　　）。

A．土豆　B．青萝卜　C．胡萝卜　D．红薯

162. 下列海参中属于光参类的是（　　）。

A. 辽参　B. 梅花参　C. 方刺参　D. 黄玉参

163. 适合用跳刀法切割成型的原料是（　　）。

A. 驴肉　B. 鸽肉　C. 鱼肉　D. 萝卜

164. 为改善牛肉蓉的吃水量和提高嫩度，可采取（　　）的方法。

A. 添加大量的水　B. 添加油脂　C. 添加适量食粉　D. 添加多个鸡蛋

165. 软炸口蘑最好采用（　　）制作。

A. 脆皮糊　B. 水粉糊　C. 全蛋糊　D. 发粉糊

166. 腌制腊肉多采用（　　）。

A. 湿腌法　B. 干腌法　C. 混合腌法　D. 半干腌法

167. 调制鱼蓉时，辅料和调料应该（　　）。

A. 先投调料后投辅料　B. 一起投入快速搅拌

C. 分次投入　D. 先放盐搅拌上劲

168. 滑熘类菜肴的主料在滑油前一般需要（　　）。

A. 上浆　B. 挂糊　C. 勾芡　D. 拍粉

169. 在加工山药蓉泥前，应该先把山药（　　）。

A. 去皮　B. 焯水　C. 蒸熟　D. 蒸烂

170. 方干批片切丝宜选用（　　）。

A. 瓦楞形铺切式　B. 直叠叠切式　C. 卷筒叠切式　D. 环绕叠切式

171. 松鼠鳜鱼剞花刀时采用的刀法是（　　）。

A. 直刀法和斜刀法　B. 平刀法和直刀法

C. 斜刀法和斜刀法　D. 直刀法和直刀法

172. 制作菜肴时加入酱油主要是为了（　　）。

A. 调节颜色　B. 调节浓度　C. 调节酸味　D. 调节咸味

173. 蹄筋主要利用的是有蹄动物的（　　）。

A. 肌肉组织　B. 软骨组织　C. 筋腱　D. 脆骨组织

174. “如要甜，加点盐”说的是味的（　　）。

A. 消杀现象　B. 对比现象　C. 增强现象　D. 转换现象

175. 鲜鸡蛋冷藏的最低温度不可低于（　　），否则鲜鸡蛋会被冻坏。

A. 0℃　B. −2℃　C. −3℃　D. −4℃

176. 芙蓉鱼片成型时的最佳油温是（　　）。

A. 90℃　B. 130℃　C. 150℃　D. 170℃

177. 适宜灌水洗涤法的原料是（　　）。

A．猪肠　B．猪肝　C．猪心　D．猪肺

178．青菜叶在切丝时应选用（　）的方法。

A．直刀跳切　B．直刀推切　C．直刀拉切　D．直刀锯切

179．在糊中加入泡打粉的目的是（　）。

A．上劲　B．增色　C．膨松　D．致嫩

180．清炖狮子头是缔子类菜品，它的主料属于（　）。

A．嫩缔　B．芙蓉缔　C．粗蓉缔　D．细蓉缔

181．蔗糖甜味的呈味阀值是（　）摩尔 / 升。

A．0.01　B．0.02　C．0.03　D．0.04

182．《本草纲目》是著名的中医典籍，也是一部关于（　）方面的权威著作。

A．饮膳　B．饮食　C．菜单　D．食疗

183．碱水涨发干货原料是在自然涨发的基础上所采取的（　）。

A．强化措施　B．补救措施　C．辅助措施　D．应急措施

184．红烧牛肉的调味模式属于（　）。

A．烹前调味　B．烹中调味　C．烹后调味　D．混合调味

185．烹调中常用的“炝锅”技法在调香工艺中属于（　）。

A．酯化生香　B．吸附带香　C．扩散入香　D．挥发增香

186．下列品种中，与海带同属于海洋藻的品种是（　）。

A．紫球藻　B．衣藻　C．小球藻　D．盘藻

187．怪味鸡中使用的葱姜一般应加工成（　）。

A．葱丝、姜末　B．葱末、姜末　C．葱末、姜丝　D．葱丝、姜丝

188．影响勾芡质量的因素之一是（　）。

A．盐的使用量　B．菜肴的温度　C．糖的使用量　D．水的使用量

189．绿茶入菜既可用茶叶，也可用茶汁，而红茶入菜一般只用（　）。

A．茶汁　B．茶叶　C．茶尖　D．茶粉

190．青菜焯水时在水中加入少许油其目的是（　）。

A．除味　B．调味　C．保色　D．去色

191．脂肪是形成（　）原料风味差异的主要成分。

A．矿物性　B．动物性　C．植物性　D．人工合成

192．西湖醋鱼要将鱼身劈成两半，带脊骨的一半称为（　）。

A．单片　B．软片　C．雄片　D．雌片

193．猪脑的洗涤方法一般采用（　）。

A．清水冲洗　B．清水漂洗　C．流水冲洗　D．清水淘洗

194．滑炒里脊丝的滑油温度一般以（　　）左右为宜。

A．60℃　B．110℃　C．150℃　D．200℃

195．回锅肉的烹饪方法是（　　）。

A．滑炒　B．煸炒　C．煎　D．熘

196．用于剞花刀的原料必须具有（　　）厚度。

A．5 毫米　B．8 毫米　C．10 毫米　D．一定的

197．毛肚火锅中的底汤是（　　）。

A．牛肉汤　B．鸡清汤　C．鱼浓汤　D．海鲜汤

198．宫保鸡丁上浆时除加入盐、淀粉外，还要加入（　　）。

A．油　B．姜末　C．豆瓣酱　D．酱油

199．先用直刀剞出刀纹，再把原料横过来切或批成片的料形是（　　）。

A．荔枝形　B．梳子形　C．卷形　D．球形

200．三丝敲鱼在敲制时鱼肉应放在（　　）中进行。

A．淀粉　B．面粉　C．米粉　D．芝麻粉

201．下列雕刻方法中属于浮雕的是（　　）。

A．整雕　B．镂空雕　C．组合雕　D．凹雕

202．水煮牛肉的烹饪方法是（　　）。

A．煮　B．汆　C．油爆　D．烧

203．需要滑油的原料大多数是动物性原料，一般要经过（　　）处理。

A．挂糊　B．上浆　C．拍粉　D．上色

204．青蒜蒜白部分做配菜使用时一般加工成（　　）。

A．直刀片　B．直刀段　C．斜刀片　D．斜刀段

205．川菜中甜、咸、酸、辣、香、鲜平行并重的味型是（　　）。

A．鱼香味　B．怪味　C．麻辣味　D．家常味

206．雕刻作品细加工时刀具上下左右移动宜采用（　　）。

A．直握刀法　B．横握刀法　C．笔握刀法　D．反握刀法

207．适合用冷水锅预熟法的原料是（　　）。

A．猪肉块　B．油菜　C．豆腐　D．豆芽

208．白汤形成的原因实际上就是（　　）反应的结果。

A．呈味物质水解　B．油脂乳化　C．扩散对流　D．蛋白质凝固

209．冬笋里脊丝的命名方法属于（　　）。

A．配料 + 主料　B．主料 + 配料　C．调料 + 原料　D．原料 + 调料

210．锅贴鳝背扁平状生坯的成型方法属于（　　）。

A．穿　　B．卷　　C．贴　　D．排

211．勾芡时淀粉汁下锅后应立即推搅，主要目的是（　　）。

A．淀粉快速成熟　　B．淀粉受热均匀　　C．防止淀粉沉淀　　D．提高糊化能力

212．茶香鸡块中的茶叶量要适中，一般占菜品总量的（　　）。

A．0.6%　　B．2%　　C．4%　　D．6%

213．勾芡是菜肴成熟前的一个重要工艺过程，其时机应把握在（　　）。

A．菜肴成熟临近装盘前　　B．汤汁入锅时

C．汤汁入锅后 10 分钟　　D．随同调味品一起入锅

214．冷菜中馒头式单碟制作的一般步骤为（　　）。

A．垫底、盖面、点缀　　B．选料、垫底、盖面、点缀

C．选料、拼摆　　D．垫底、盖面

215．牛脊髓的洗涤方法一般采用（　　）。

A．清水冲洗法　　B．流水冲洗法　　C．清水漂洗法　　D．流水漂洗法

216．下列几种口味中不属于味觉反应的是（　　）。

A．甜味　　B．苦味　　C．辣味　　D．酸味

217．爆炒菜品的质感一般以（　　）为评价标准。

A．酥脆　　B．细嫩　　C．松润　　D．酥烂

218．从进餐效果看宴席甜菜应该在（　　）上桌。

A．宴席开始时　　B．宴席过程中　　C．宴席最后阶段　　D．宴席结束后

219．鱼圆制作过程中鱼圆生坯入水锅时一般是（　　）入锅。

A．冷水　　B．热水　　C．温水　　D．沸水

220．动物性原料风味性差异的形成主要是（　　）。

A．脂肪　　B．碳水化合物　　C．蛋白质　　D．维生素

221．不上浆、不挂糊、不勾芡的炒法是（　　）。

A．滑炒　　B．煸炒　　C．爆炒　　D．酱炒

222．用水涨发干货原料的主要目的是（　　）。

A．去除异味　　B．吸收水分　　C．清除污物　　D．结构膨化

223．水晶虾球中添加的肥膘应以（　　）为主。

A．生肥膘　　B．熟肥膘　　C．半熟的肥膘　　D．生熟各半

224．最早起源于印度的辛辣味调料是（　　）。

A．辣椒　　B．胡椒　　C．咖喱　　D．芥末

225．家畜肝脏中所含的维生素以（　　）最为丰富。

A．维生素 B_1　　B．维生素 B_6　　C．维生素 A　　D．维生素 C

226. 熏实际上是蒸和（　　）两种烹饪方法的结合。

A. 烙　　B. 焖　　C. 烤　　D. 隔水炖

227. 下列四组菜肴中需要进行烹前调味的是（　　）。

A. 银芽鸡丝　荔枝腰花　　B. 蝴蝶乌花　椒盐鳝卷

C. 文思豆腐　软熘里脊　　D. 麻婆豆腐　松仁鸡米

228. 桂花糖藕中的桂花一般在（　　）加入。

A. 和糯米一起　　B. 煮藕时　　C. 改刀后蒸制时　　D. 调制卤汁时

229. 当代厨师必须掌握的三大技术要素是指刀工、火候、（　　）。

A. 上浆　　B. 挂糊　　C. 调味　　D. 勾芡

230. 松鼠鳜鱼的调味方法属于（　　）。

A. 分散调味法　　B. 热渗调味法　　C. 裹浇调味法　　D. 跟碟调味法

231. 都适合剞兰花刀的一组原料是（　　）。

A. 茄子、豆腐　　B. 莴笋、山药　　C. 青椒、方干　　D. 肚仁、萝卜

232. XO 酱制好后应放在（　　）保存。

A. 常温下　　B. 阴凉处　　C. 20℃的恒温下　　D. 冰箱中冷藏

233. 为最大限度地保护原料的营养价值，蔬菜应（　　）。

A. 先切后洗　　B. 先洗后切　　C. 切后略泡水　　D. 整形烹调

234. 炖是将原料先大火烧开，再小火长时间加热，使原料达到（　　）的一种加工方法。

A. 成熟　　B. 软烂　　C. 干香　　D. 软糯

235. 熬糖出丝的温度一般在（　　）左右。

A. 50℃　　B. 100℃　　C. 160℃　　D. 200℃

236. 油醋汁原是（　　）中使用的一种调料。

A. 中餐　　B. 西餐　　C. 面点　　D. 蛋糕

237. 属于潮州地区传统风味的一组菜肴是（　　）。

A. 佛手排骨、玫瑰焗双鸽、云腿护国菜　　B. 云腿护国菜、烧雁鹅、香滑芋泥

C. 扁米酥鸭、回锅肉、酥香果肉　　D. 爽口牛丸、烧雁鹅、姜蓉白切鸡

238. 清炖鸡孚要在鸡肉一面镶嵌上猪肉蓉，通常应在（　　）镶嵌。

A. 鸡肉改刀成块后　　B. 鸡肉去骨后

C. 鸡肉去骨并在肉面剞刀后　　D. 鸡肉去骨去皮后

239. 花椒盐的调配比例是（　　）。

A. 1∶2　　B. 1∶3　　C. 1∶4　　D. 1∶5

240. 包裹好的盐焗鸡生坯应在盐炒至（　　）后埋入其中。

A. 100℃　　B. 发红　　C. 发黑　　D. 烫手

241. 下列菜肴中勾芡使用糊芡的菜肴是（　　）。

A. 响油鳝糊　B. 软兜鳝鱼　C. 松子鳝卷　D. 油爆鳝筒

242. 生熏白鱼时为了增加香味，在鱼的下面要铺上（　　）。

A. 香叶　B. 荷叶　C. 香菜　D. 香葱

243. 新鲜水果经加热其风味（　　）。

A. 不如以前　B. 比以前更佳　C. 没有区别　D. 比加热前更甜

244. 制作奶汤时一般采用（　　）。

A. 大火　B. 先大火后中火　C. 小火　D. 微火

245. 拔丝炒糖的目的是利用加热使蔗糖结晶体转变为液态，最后形成（　　）。

A. 焦化的糖浆　B. 浓稠的糖浆　C. 无定型的结晶体　D. 无定型的玻璃体

246. 用猪肉制作肉蓉，其吸水率一般在（　　）。

A. 20%～40%　B. 50%～70%　C. 70%～90%　D. 90%～120%

247. 餐饮业多数人认为葱烧海参是（　　）名菜。

A. 山东　B. 四川　C. 淮扬　D. 广东

248. 要制作较嫩的琼脂冻，琼脂与水的比例约为（　　）。

A. 1 ∶ 2　B. 1 ∶ 2.5　C. 1 ∶ 3　D. 1 ∶ 4

249. 滑炒鸡丝的主料使用（　　），成品质量最佳。

A. 水粉浆　B. 全蛋浆　C. 蛋清浆　D. 蛋黄浆

250. 淮扬菜软兜长鱼中加醋是为了（　　）。

A. 致嫩　B. 除味　C. 调色　D. 增香

251. 拔丝苹果在改刀后要经过（　　）处理后才能进行油炸。

A. 拍粉　B. 挂糊　C. 吸水　D. 糖腌

252. 淮扬菜大煮干丝的调味形式属于（　　）。

A. 烹前调　B. 烹中调　C. 烹后调　D. 混合调

253. 蓉胶制品的质感主要表现在嫩度和（　　）两个方面。

A. 口味　B. 韧性　C. 黏性　D. 弹性

254. 汤爆双脆在焯水烫制时应使原料达到（　　）程度。

A. 半熟　B. 断生　C. 软烂　D. 六成熟

255. 制作金葱扒鸭时，应该在鸭子的（　　）开膛。

A. 腹部　B. 肋部　C. 背部　D. 颈部

256. 糟熘三白中必须用的调味料是（　　）。

A. 红糟汁　B. 香糟汁　C. 酒酿　D. 红曲粉

257. 用水涨发好的广肚、花胶最忌（　　）。

A．冷藏　B．冰水　C．热水　D．虾蟹水

258．粤菜与其他地方菜相比其风味最突出的特征是（　　）。

A．清淡　B．爽滑　C．鲜美　D．咸香

259．芙蓉鸡片应在（　　）加入发蛋。

A．鸡肉静置前　B．鸡肉静置后　C．鸡肉上劲前　D．鸡肉上劲后

260．鲍鱼属于（　　）。

A．节肢类动物　B．软体类动物　C．甲壳类动物　D．爬行类动物

261．琉璃菜挂匀糖浆后应立即（　　）。

A．分开并凉透　B．拔丝并凉透　C．放入冰箱　D．翻拌均匀

262．干海参的涨发多选用（　　）。

A．火发　B．碱发　C．水发　D．油发

263．酸辣海参的泡椒通常在（　　）放入，煸出香味和红油。

A．炝锅时　B．烧制的过程中　C．出锅前　D．出锅后

264．在西瓜的表面雕刻上整幅图案的手法属于（　　）。

A．整雕　B．浮雕　C．悬雕　D．组雕

265．九转大肠在红烧前的预熟工序是（　　）。

A．煮制　B．油炸　C．煸炒　D．蒸制

266．配制椒麻汁时，先要将盐和味精（　　）。

A．混合均匀　B．用鸡汤调开　C．在水中烧沸　D．用麻油调开

267．红烧肉无须勾芡，其卤汁浓稠主要靠（　　）。

A．兑汁芡　B．人为芡　C．自来芡　D．流汁芡

268．淮扬狮子头生坯下锅汆制时，锅中的水温应是（　　）。

A．70℃　B．80℃　C．90℃　D．100℃

269．鱼圆在加热成熟后应放在（　　）中保存。

A．热水　B．清水　C．冰箱　D．热汤

270．所谓温油，其温度范围多在（　　）。

A．90～130℃　B．120～180℃　C．170～200℃　D．200～240℃

271．烤乳猪在抹糖浆前要进行（　　）处理。

A．晾干　B．烫皮　C．刷油　D．烘干

272．塌法是（　　）两种烹饪方法的混合技法。

A．水和油　B．油和气　C．炸和熘　D．煎和炖

273．粤菜注重原料的上浆和腌制，动物原料上浆或腌制时一般要加入（　　）。

A．小苏打　B．色素　C．淘米水　D．酱料

274. 为了加快蛋白质的凝固速度，增加吸附效果，可在清汤吊制前加入少量的（　　）。

A. 料酒　B. 葱　C. 姜　D. 盐

275. 淮扬菜的工艺特色中（　　）最为突出。

A. 刀工工艺　B. 调味工艺　C. 加工工艺　D. 选料工艺

276. 相对于油导热而言，水导热的过程中原料水分（　　）。

A. 散失较大　B. 散失较小　C. 没有散失　D. 全部散失

277. 脆皮大肠最后的成熟方法是（　　）。

A. 烤　B. 烧　C. 煎　D. 炸

278. 香蕉鱼卷的拍粉过程属于（　　）。

A. 先上浆后拍粉　B. 先拍粉后上浆　C. 直接拍粉　D. 先油炸再调味

279. 白云猪手煮制的程度应该是（　　）。

A. 六成软烂　B. 八成软烂　C. 九成软烂　D. 完全软烂

280. 鱼粥在蓉胶制品中属于（　　）蓉胶。

A. 软质蓉胶　B. 汤糊蓉胶　C. 硬质蓉胶　D. 嫩质蓉胶

281. 爽口牛丸在加热时水温应保持在（　　）。

A. 60℃左右　B. 70℃左右　C. 微沸状态　D. 沸腾状态

282. 下列原料中不适合整料出骨的是（　　）。

A. 整鸡　B. 整鸭　C. 鳜鱼　D. 鳊鱼

283. 将鸡翅中的骨头抽去后用笋条插进去的手法是（　　）。

A. 穿　B. 插　C. 包　D. 卷

284. 粤菜中许多复合调味汁的分类一般是根据（　　）进行的。

A. 味型　B. 具体菜品　C. 色泽　D. 加工方法

285. 从营养角度分析，（　　）类制品不宜多食用。

A. 水煮食品　B. 炒制食品　C. 烟熏食品　D. 烘烤食品

286. 淮扬菜所用调味品的种类虽不是很多，但也十分强调（　　）。

A. 味感层次分明　B. 尽量使用单一味　C. 味感的柔和性　D. 味感的纯洁性

287. 适合用冷水锅焯水的原料是（　　）。

A. 百叶　B. 菠菜　C. 荠菜　D. 山药

288. 猪心的洗涤方法一般是（　　）。

A. 清水冲洗法　B. 清水漂洗法　C. 沸水烫洗法　D. 流水浸洗法

289. 对于新鲜的原料而言，糊的调制可以（　　）。

A. 略稠一点　B. 略稀一点　C. 很稀　D. 很稠

290. 明胶冻的颜色有多种变化，除本色、酱红色外，不能使用的有色原料是（　　）。

A．藏红花水　　B．洛神花水　　C．百香果汁　　D．柠檬黄色素汁

291．糟有白糟、红糟之分，白糟主要产于（　　）。

A．绍兴　　B．泉州　　C．肇庆　　D．顺德

292．在红烧羊肉时通常要使用（　　）以去膻味。

A．青菜　　B．胡萝卜　　C．大白菜　　D．洋葱

293．挂霜熬糖时，糖与水的比例一般为（　　）。

A．2∶1　　B．3∶1　　C．4∶1　　D．5∶1

294．煨采用砂锅、陶罐做炊具，突出原汁原味，下列原料中最不适合煨的是（　　）。

A．母鸡　　B．肘子　　C．牛蹄　　D．河虾

295．锅贴干贝的扁平状生坯的成型手法属于（　　）。

A．贴　　B．卷　　C．粘　　D．包

296．中华绒螯蟹有商品蟹规格分级，由雄蟹、雌蟹的重量进行划分，一级雌蟹每只的重量一般在（　　）克。

A．120～140　　B．140～164　　C．170～190　　D．200～249

297．下列原料中，不属于鱼类的原料是（　　）。

A．石斑鱼　　B．黑鱼　　C．章鱼　　D．加吉鱼

298．蜜汁山药的命名方法属于（　　）。

A．主料＋配料　　B．烹法＋主料　　C．配料＋主料　　D．主料＋烹法

299．餐饮行业多数人认为砂锅鱼糕鱼圆是（　　）名菜。

A．广西　　B．吉林　　C．河南　　D．湖北

300．中餐高档宴席中，冷盘（菜）约占整桌菜肴的（　　）左右。

A．10%　　B．15%　　C．25%　　D．35%

二、判断题（下列每题，内容表述正确的，在括号内画“√”；表述错误的，在括号内画“×”）

（　　）1．熬糖色的主要目的是为了增加菜品的色泽。

（　　）2．烹调方法应该先根据烹调属性，即传热介质的不同进行分类，然后再根据工艺特点的不同进行下一步区分。

（　　）3．浓汤的制作主要取决于火候的运用。

（　　）4．炒鲜奶时为了使其均匀受热并容易成熟，蛋清必须充分搅散。

（　　）5．制作蓉胶制品的原料应是新鲜原料。

（　　）6．氨基酸可分为必需氨基酸和非必需氨基酸两大类。

（　　）7．猪肚的洗涤方法是清水冲洗法。

(　　) 8. 响油鳝糊一菜所使用的芡汁属于琉璃芡。
(　　) 9. 制作青椒鱼丝时原料的滑油温度在 50℃左右。
(　　) 10. 在整个西瓜的外表刻上花纹的方法属于整雕范畴。
(　　) 11. 嫩肉粉能使肌肉组织增加持水性从而达到嫩化的作用。
(　　) 12. 海鳗鱼鳔的干制品称为鳝肚。
(　　) 13. 鲜活原料主要指鲜活的动物性原料。
(　　) 14. 直切分为定料切和滚料切两种方法。
(　　) 15. 鱼翅的涨发属于一次性水发过程。
(　　) 16. 燕窝涨发时加适量食碱的目的是为了去除杂质。
(　　) 17. 调味品按物质形态可分为粉状、粒状、液状、酱状、油状等几大类。
(　　) 18. 在含糖 15% 的甜味溶液中加入 0.1% 的盐，能使甜味明显增加。
(　　) 19. "横切牛肉，顺切鸡丝"的加工处理方法一般是根据肌肉纹理和老嫩来确定的。
(　　) 20. 猪肉通常情况下在加工成丝时都是顺丝切。
(　　) 21. 烹饪创新是在个人经验指导下进行的，个人经历越丰富，创新能力就越强。
(　　) 22. 包和卷都是菜肴成型的手法，在成型形态上没有区别。
(　　) 23. 炒土豆丝和红烧肉都不需要勾芡，其原理是一样的。
(　　) 24. 燔的本意是焚烧，引申为烧烤，有烤肉使熟之意。
(　　) 25. 所谓菜品的地方风味特色，就是选用当地特有的烹饪原料，以当地惯用的烹调方法，制作出符合当地人口味的菜肴。
(　　) 26. 热菜是宴席中的主体菜肴，决定着宴席的规格和档次。其最主要的特点就是要有热度，要有锅气，要趁热上桌，趁热食用，堪称宴席之灵魂。
(　　) 27. 碱水涨发鱿鱼是将干鱿鱼放入碱水中浸泡至透。
(　　) 28. 维生素 B_2 又称核黄素，其良好的食物来源是谷类。
(　　) 29. 粤菜"三浆"中的"蛋白稀浆"主要用蛋清和水淀粉调制而成。
(　　) 30. 烹饪工艺流程中，原料精加工工序涉及的岗位只在砧板上。
(　　) 31. 食品卫生法中对食品及添加剂、容器、包装物、用具、设备和工作人员的卫生均提出了严格的要求。
(　　) 32. 轴对称的图案造型具有对称美、形式美、和谐统一的特点。
(　　) 33. 烹饪原料的选用就是原料的选择。
(　　) 34. 烤乳猪工艺流程是：乳猪初加工并治净→乳猪腌制→上叉→烫皮→涂糖醋浆→用锡纸包扎好前后猪蹄及尾巴→调好炉火→烧烤→成熟→成菜。
(　　) 35. 猪脑的质地较嫩，因此应采用流水冲洗法进行洗涤。
(　　) 36. 调制卤水的内容包括新调制卤水、老卤返锅煮沸和卤水补充调料等。

(　　) 37. 荔枝形花刀剞的深度不能超过原料厚度的一半，否则容易断裂。

(　　) 38. 干货类原料质量的感官鉴别标准是：干爽完整，无霉烂，无虫蛀，无杂质，无不良异味，保持应有的色泽。

(　　) 39. 刀法中的定料切是指原料在砧板上不动的切法。在定料切过程中如果运刀的频率加快，就产生了“跳刀”。

(　　) 40. 脆皮炸的原料是先用卤水浸熟，再涂上麦芽糖浆，必须晾干后才能炸制。

(　　) 41. 虾子为多种虾的干燥卵，分为海虾子、河虾子两种，是提鲜的好原料。

(　　) 42. 饮食诗文通常被收集在文学作品如小说、散文、诗歌以及文学大家的专集内。

(　　) 43. 《中华人民共和国食品卫生法》中包括食品卫生的法律责任内容。

(　　) 44. 蒸发和煮发均是利用连续高温使干货原料充分吸水回软，因此，蒸发和煮发适用于同样的干货原料。

(　　) 45. 世界上有五种鲑鱼：北极鲑、七彩鲑、多丽鲑、雷克鲑、牛头鲑。

(　　) 46. 花肚又称蜂窝肚，是牛的四个胃之一。

(　　) 47. 饮食文化圈是由于地域、民族、习惯、信仰等原因，形成的具有独特风格的饮食文化区域。

(　　) 48. 蚝豉有生晒蚝豉、干蚝豉、半干湿蚝豉三种。

(　　) 49. 鉴别水发广肚是否已经涨发好，方法是用手指能掐入，用刀切开后中间没有白心。

(　　) 50. 鳜鱼、鲈鱼、石斑鱼，只要是清蒸，加工方法都一样。

(　　) 51. 筵席有多种别称，常见的有宴会、酒会、酒席等。

(　　) 52. 原料初步熟处理的滚既改善了原料的滋味、口感，又保护了原料的营养。

(　　) 53. 鳜鱼用于干烧时，在鱼身两面剞花刀的主要目的是为了便于成熟。

(　　) 54. “料头”是粤菜中的一种技术俗语，可分为大料头、细料头两种，香料料头和色彩料头两类。

(　　) 55. 按菜肴香气的浓烈程度，香气可分为浓香、芳香、清香等。

(　　) 56. 人体所需的 8 种必需氨基酸是指赖氨酸、色氨酸、苯丙氨酸、甲硫氨酸、苏氨酸、异亮氨酸、亮氨酸、缬氨酸。

(　　) 57. 制作卤菜，如卤鸡、卤肉等，均不宜将原料长时间浸泡在卤水内。

(　　) 58. 油泡菜式只用兑汁芡方式勾芡。

(　　) 59. 返沙香芋是潮汕地区名菜，主料通常要先炸至酥脆。

(　　) 60. 菜肴烹制中适当加入少量的糖，可使其产生鲜甜的滋味。

(　　) 61. 盘边的色彩对构图有直接影响，盘子的形状与构图布局没有直接关系。

(　　) 62. 菜心的叶形有狭长形、长圆形和卵形等多个品种，广州菜心以青骨柳叶形状为好。

(　　) 63. 刀工不仅决定原料的最后形态，而且对菜肴制成后的色、香、味及卫生等方面也起着决定性的作用。

(　　) 64. 剞刀法既可以用于冷菜原料加工，也可以用于热菜原料加工。

(　　) 65. 猪蹄筋可采用先焐油、后水发的涨发方法，500 克干猪蹄筋发好后可达 2500 克。

(　　) 66. 猪肉皮的干制品既可以盐发，也可以油发，其涨发原理相同，但油发效果更佳。

(　　) 67. 要注意水产品成型的齐整与美观，主要靠下刀部位准确、刀工大小恰当等方面保证。

(　　) 68. 古人饮宴坐的坐垫有两层，底下一层叫“筵”，上面一层叫“席”。

(　　) 69. 走油又称过油，是指正式烹调前将原料放在热油锅内炸制成半成品的过程。

(　　) 70. 配菜中的相似相配原则，即丝配丝、条配条、片配片、丁配丁、块配块，这一原则适用于多数菜肴。

(　　) 71. 轻微的苦味能使菜肴形成甘甜的风味。

(　　) 72. 一个鸡蛋由蛋壳、蛋白和蛋黄构成，而蛋白又分里、中、外三层。

(　　) 73. 常见的拔丝方法有水拔、油拔、水油拔等。

(　　) 74. 油泡菜式的肉料形状宜小不宜大，宜薄不宜厚，最好不带骨。

(　　) 75. 制羹时，汤羹未沸时勾芡，会使汤色混浊不清，芡色不亮。

(　　) 76. 饮食业的细菌性食物中毒中，由于嗜盐菌污染导致食物中毒的比例最大。

(　　) 77. 习惯上加工鸡丝时应斜丝切。

(　　) 78. 按采收的季节来分，5～7 月采收的姜为仔姜，9~10 月采收的姜为老姜，其口味、用途有别。

(　　) 79. 畜肉原料的组织结构可分为三大类：肌肉组织、脂肪组织、骨骼组织。

(　　) 80. 清蒸鳜鱼时在鳜鱼表面剞上花刀，其主要目的是为了美观。

(　　) 81. 向人们提供多种多样的名菜美点是烹调研究的最终目的之一。

(　　) 82. 有一种关于营养摄入的说法是“想吃什么就说明体内缺什么”。

(　　) 83. 清汤的制作与原料有关，与火候无关。

(　　) 84. 直刀法中，除了直切，还包括剁、砍、劈等刀法。

(　　) 85. 在刀法中，反斜刀法又叫右斜刀、外斜刀。

(　　) 86. 油发又称炸发，就是将干货原料用油炸透达到膨胀松脆后再用来烹调。

(　　) 87. 在对水产品进行初步加工前，必须清楚地知道水产品有哪些初步加工的方法，将用作什么用途。

(　　) 88. 菜肴必须经过加热后才可以食用。

(　　) 89. 菜肴组配可以不考虑原料料形的统一。

(　　) 90. 在炸制菜肴上撒上椒盐的调味方法属于浇撒调味法。

(   ) 91．烹饪原料的妥善保管，不仅能保护好原料的质量，还能提高原料的质量。
(   ) 92．在刀法中，正斜刀法适用于质软、性韧、体薄的原料，如鱼肉、猪腰、鸡肉等。
(   ) 93．跟刀劈是将刀刃先嵌在原料要劈的部位，然后刀与原料同时举起并同时落下，用力劈开的一种刀法。
(   ) 94．干货原料鱼肚、蹄筋均适合油发，其涨发原理也基本一样。
(   ) 95．酒会可分为：冷餐酒会、鸡尾酒会、香槟酒会等。
(   ) 96．原料本身都不含香气，必须依靠“添加香料”的方法使其生香。
(   ) 97．加热是食品常用的加工方法，加热会导致酶失活，从而抑制酶促褐变的发生。
(   ) 98．将生料炸熟，使其外酥脆内鲜嫩，油温必须由低到高变化使用。
(   ) 99．蓉胶制品的 pH 在 6 以下时，蓉胶的弹性最佳。
(   ) 100．挂霜时为了使外层色泽洁白，可在熬糖时添加少量的淀粉。
(   ) 101．焗的方法因所用炊具的不同可分为锅焗（铁锅焗、砂锅焗）、烤炉焗、瓦缸焗；因传热方式不同可分为上汤焗、原汁焗、盐焗等。
(   ) 102．上桌后的菜肴温度是衡量菜肴质量的重要指标之一。
(   ) 103．油脂在烹调中的作用是充当传热介质。
(   ) 104．用酒腌制肥肉可以解腻，是因为酒中含有乙醇。
(   ) 105．食物腐败变质的类型主要有：变黏、变酸、变臭、变色等。
(   ) 106．鲈鱼肉切丝时应采用顺丝切的方法。
(   ) 107．调味就是指调和滋味和原料调配。
(   ) 108．烤有明炉烤和挂炉烤两种，它们的工艺方法基本相同，而工艺程序略有不同。
(   ) 109．海参分灰参和乌参两大类。
(   ) 110．顶汤与上汤同是用肉料熬成，顶汤味道比上汤更鲜，香气更浓，汤汁也偏稠。
(   ) 111．肉皮含丰富的胶原蛋白，属于完全蛋白质。
(   ) 112．《随园食单》为清代袁枚所著，是一部既介绍烹饪原理，又介绍名菜名点的有影响的烹饪专著。
(   ) 113．心理味觉真实地反映了味的内涵和实质。
(   ) 114．配菜时应把不同性质的原料分别放置，尤其是主料和辅料不宜混放于一盘。
(   ) 115．下锅滑油的原料一般都要经过上浆处理。
(   ) 116．熬制猪皮冻，新鲜猪皮与水的比例通常为 1∶3 或 1∶4 左右。
(   ) 117．当整鱼一剖为二时，带脊骨和鱼尾的一边称为软边，另一边称为硬边。
(   ) 118．与烹调炸制菜式相同，油发的关键在于掌握干货原料下锅的油温。
(   ) 119．鱼肚涨发后色泽较黄，可在清水中加入适量白醋浸泡，再用清水漂清。
(   ) 120．鱿鱼在剞花刀时，剞刀的深度一般控制在鱿鱼厚度的 2/3 左右。

(　　) 121. 松鼠鳜鱼拍粉后下油锅首炸时油温宜高一些，以便定型。

(　　) 122. 鱼翅由鲨鱼的鱼鳍干制而成，按鱼鳍在鱼体的位置划分，以脊翅的品质最好。

(　　) 123. 建立卫生安全监督与检查制度，确保原料卫生安全是鲜活原料初加工的基本原则。

(　　) 124. 不上浆、不挂糊、不勾芡的炒法是爆炒。

(　　) 125. 熬糖色的主要作用是增加甜味。

(　　) 126. 食品在腐败变质过程中，其本身的组成和性质也起着重要的作用。

(　　) 127. 食品的 pH 在 4.5 以下，一般可抑制多数腐败菌的生长。

(　　) 128. 特级中华绒毛蟹雄蟹的重量一般大于等于 250 克 / 只。

(　　) 129. 引起葡萄球菌性食物中毒的常见食物主要有淀粉类的剩饭、粥以及牛奶和乳制品。

(　　) 130. 刚宰杀的僵直期的畜肉一般呈弱碱性。

(　　) 131. 僵直的鱼尾不下垂、鳃紧闭、口不张、体表有光泽等是鲜鱼的标志。

(　　) 132. 热菜围边点缀的原料必须是熟料。

(　　) 133. 人体所需的必需脂肪酸是不饱和脂肪酸。

(　　) 134. 每克碳水化合物在体内可供给人体的能量是 4 千卡。

(　　) 135. 维生素 C 广泛存在于各种蔬菜水果中。

(　　) 136. 水果中榴莲、牛油果的脂肪含量较高。

(　　) 137. 为保证人的消化功能正常，就必须做到定时定量用餐。

(　　) 138. 淀粉浆糊对原料的保护原理是淀粉糊化形成了保护层。

(　　) 139. 计算调味半成品成本时，要扣除掉调味品的价值。

(　　) 140. 宰杀龙虾时先扭断虾头，切断虾尾，令龙虾排尿。

(　　) 141. 宴会成本核算主要是核算菜点成本和酒水成本。

(　　) 142. 餐饮企业的绝大多数产品一般采取整数定价策略。

(　　) 143. 碱水涨发鱿鱼时，先发好的必须先取出，没发好的继续涨发。

(　　) 144. 加强厨房安全管理是厨房生产、创造效益以及保证员工利益等多方面的重要措施。

(　　) 145. 为了防潮，炉灶上使用后的盐、鸡精、白糖等调味品应及时加盖保存。

(　　) 146. 整鸡出骨应在鸡颈和两肩相交处，沿颈骨直划一条长约 6 厘米的刀口。

(　　) 147. 哈士蟆的涨发属于一次性涨发过程。

(　　) 148. 去除甲鱼黑衣时，热水烫制温度宜控制在 80℃左右，烫制时间约 2 分钟。

(　　) 149. 因虾的肠线都在虾的背部，所以去除虾线时一般都从虾的背部进行。

(　　) 150. 碱发时碱的浓度对质量有直接影响，但与温度关系不大。

模拟试卷

中式烹调师（高级）理论知识试卷

注 意 事 项

1. 考试时间：90 分钟。
2. 请按要求在试卷的标封处填写您的姓名、准考证号和所在单位的名称。
3. 请仔细阅读回答要求，在规定的位置填写答案。

一、填空题（每空1分，共20分）

1. 我国最著名的三大火腿品种主要指________、________、________。
2. 畜类的肌肉组织主要有骨骼肌、________和________。
3. 果蔬雕刻的表现形式通常可分为：________、________、平面刻画和组装陈设。
4. 豆豉按水分含量不同可分为________、________两类。
5. 松鼠鱼可以用鳜鱼制成松鼠形，也可以用________或________。
6. 我国螃蟹的品种有 600 余种，分________和________两大类。
7. 油脂在加热过程中，由于酸的作用使油脂发生水解，生成________和________。
8. 食物的味主要通过口腔中味觉感受器________感受到的。
9. 我国湖南产的莲子习惯称为________。
10. 烹饪调味的三种方式是________、________、________。

二、名词解释（每题2分，共10分）

1. 鱼辣子

2. 营养素

3. 软炒

4. 感官鉴定

5. 色彩对比

三、单项选择题（在下列每小题的四个备选答案中选出一个最佳答案，并将其字母标号填入题干的括号内。每题1分，共20分）

1. 熬糖色的主要作用是（ ）。

A. 增加浓度 B. 增加甜味 C. 增加色泽 D. 增加香味

2. 野生荠菜最嫩、最佳的采摘季节是（ ）。

A. 初春 B. 初夏 C. 初秋 D. 初冬

3. 在生物学分类中属于腔肠动物的品种是（ ）。

A. 海葵 B. 海参 C. 海藻 D. 海虾

4. 属于海洋小型经济鱼类品种的鱼是（ ）。

A. 真鲷 B. 鲱鱼 C. 三文鱼 D. 鲑鱼

5. 牛肉上浆习惯上要加入碱性物质，其目的是（ ）。

A. 去味 B. 调味 C. 致嫩 D. 保色

6. 畜类动物的肌肉组织主要附着在动物的（ ）。

A. 皮肤上 B. 骨骼上 C. 脂肪上 D. 筋膜上

7. 果蔬原料去皮后放入水中适当浸泡，其目的是（ ）。

A. 增加水分 B. 去除异味 C. 保护养分 D. 保持脆嫩

8. 果葡糖浆由玉米淀粉水解制得，属淀粉糖类，其主要物质成分是（ ）。

A. 麦芽糖和蔗糖 B. 果糖和葡萄糖 C. 果糖和蔗糖 D. 麦芽糖和葡萄糖

9. 传统咖喱的制作需要多种香辛料配制而成，但最主要的原料是（ ）。

A. 孜然粉 B. 姜黄粉 C. 胡椒粉 D. 八角粉

10. 动物性原料中形成风味差异的成分主要是（　　）。
A. 碳水化合物　　B. 蛋白质　　C. 脂肪　　D. 维生素
11. 饮食习惯是人们在长期的饮食生活中逐渐养成的一种（　　）。
A. 生活需要　　B. 饮食特征　　C. 生活特点　　D. 生理需要
12. 带皮鸡胸肉的脂肪含量约为（　　）。
A. 1.9%　　B. 15%　　C. 21%　　D. 53%
13. 米粉中的（　　）粉黏性大，膨胀性小，吃口软糯而耐饥。
A. 大米　　B. 粳米　　C. 糯米　　D. 籼米
14. 烤鸡、烤鸭外皮变成红色的原因是（　　）。
A. 羰氨反应　　B. 酶促褐变　　C. 油脂的聚合反应　　D. 蛋白质凝固
15. 猪瘦肉中蛋白质的平均含量大约是（　　）。
A. 10.2%　　B. 13.2%　　C. 17.2 %　　D. 19.2%
16. 引起细菌性食物中毒中最常见、比例最大的致病菌是（　　）。
A. 副溶血性弧菌　　B. 致病性大肠杆菌　　C. 沙门氏菌　　D. 金黄色葡萄球菌
17. 优质干鲍鱼的涨发率一般可以达到（　　）。
A. 40%～80%　　B. 80%～90%　　C. 90%～100%　　D. 150%～250%
18. 感受甜味的味蕾主要在（　　）。
A. 舌尖　　B. 舌头两侧　　C. 舌头中间　　D. 舌根
19. 制作虾蓉时通常要加入马蹄，主要目的是（　　）。
A. 增加滋润度　　B. 增加酥脆质感　　C. 增加洁白程度　　D. 缩短成熟时间
20. 挂霜菜的形成是利用糖的（　　）。
A. 焦化作用　　B. 糊化作用　　C. 再结晶作用　　D. 酯化作用

四、多项选择题（下列每题中有多个选项，请将正确答案代号填在题干的括号内。多选或少选不得分。每题2分，共20分）

1. 干制品原料的形成方法很多，如（　　）等。
A. 烘干　　B. 挤干　　C. 晒干　　D. 甩干
E. 焙干　　F. 晾干
2. 双重质感是由两个单一质感构成，下列（　　）属于双重质感的范畴。
A. 老嫩　　B. 粗细　　C. 滑嫩　　D. 软烂
E. 酥脆　　F. 松实
3. 用一般清汤制作高级清汤时常用鸡肉末或猪瘦肉末进行吊制，利用了蛋白质的（　　）。

A. 凝固作用　　B. 悬浮作用　　C. 吸附作用　　D. 絮凝作用
E. 亲水作用

4. 明胶的主要成分是胶原蛋白，具有（　　）等特性。

A. 收缩性　　B. 凝胶性　　C. 成膜性　　D. 乳化性
E. 起泡性　　F. 持水性

5. 下列原料在存储过程中具有呼吸作用的是（　　）。

A. 油菜　　B. 土豆　　C. 丝瓜　　D. 鸡肉
E. 萝卜　　F. 牛肉

6. 下列原料中适宜用锯切方法成片的是（　　）。

A. 熟土豆　　B. 熟冬笋　　C. 烤面包　　D. 熟香肠
E. 熟牛肉　　F. 熟肘子

7. 食物中呈鲜味的物质主要有（　　）。

A. 谷氨酸　　B. 琥珀酸　　C. 肌苷酸　　D. 鸟苷酸
E. 核苷酸　　F. 冰醋酸

8. 清除菜品中不良气味的有效方法是（　　）。

A. 焯水　　B. 过油　　C. 放酒　　D. 放醋
E. 放姜葱蒜　　F. 放辣椒、香料

9. 制作普通清汤和白汤的方法很多，常用的有（　　）。

A. 煮汤　　B. 吊汤　　C. 煨汤　　D. 熬汤
E. 汆汤　　F. 炖汤

10. 下列以人名命名的菜肴是（　　）。

A. 东坡肉　　B. 宫保鸡丁　　C. 德州扒鸡　　D. 符离集烧鸡
E. 麻婆豆腐

五、判断题（下列判断题中正确的请在括号内打“√”，错误的请打“×”。每题1分，共30分）

（　　）1. 在配菜中，相似相配，这是料形配合的原则，即丝配丝、条配条、片配片、丁配丁、块配块，这一原则适用于所有的菜肴。

（　　）2. 因为黄酒的酒精度数较低，若保存不当，所含酵素易发生酸败。

（　　）3. 紫色甘蓝又名红椰菜、紫色圆白菜，是结球甘蓝的一个变种。

（　　）4. 畜肉原料的组织结构可分为三大类：肌肉组织、脂肪组织、骨骼组织。

（　　）5. 焦糖色是一种性质稳定、安全可靠的褐红色素。

(　　) 6. 芦花鸡是原产美国的一种肉蛋兼用品种。
(　　) 7. 目前世界已知海参种类约 1400 种，其中现知 60 种可以食用。
(　　) 8. 畜肉组织中的水分主要以结合水的形式存在。
(　　) 9. 新鲜蔬菜采摘后仍会进行呼吸活动。
(　　) 10. 新鲜奶油通过搅打具有较强的充气膨胀特性。
(　　) 11. 整料出骨后的鲤鱼在填馅时必须填满，不然成品不够饱满。
(　　) 12. 海蟹中的红蟹又称红花蟹，以正月至清明时较多且质量上乘。
(　　) 13. 牛肉排酸工艺是现代肉类加工生产过程中的重要环节之一。
(　　) 14. 新鲜禽肉组织中含量最多的物质成分是蛋白质。
(　　) 15. 鱼死了较长时间后，经某些细菌作用，在适宜条件下，组胺酸经脱羧酶作用产生组胺和类组胺物质——秋刀鱼素，是引起组胺中毒的原因。
(　　) 16. 在烹饪原料色彩的选用方面应当注意冷暖色的对比。
(　　) 17. 我国食品雕刻工艺可以分为蔬菜雕和水果雕两类。
(　　) 18. 燕窝涨发加工时最好选择洁白的容器存放。
(　　) 19. 紫菜是常用的食用菌类的干制品。
(　　) 20. 蛋黄中呈黄色的物质主要是叶黄素和玉米黄素，均属于类胡萝卜素。
(　　) 21. 制作高级清汤的工艺流程是煮汤→吊汤→清汤。
(　　) 22. 大豆蛋白质是原料中最优良的蛋白质。
(　　) 23. 象拔蚌经沸水短时间泡烫便于撕去外层的老皮。
(　　) 24. 淀粉糊化后生成的物质主要是糊精，遇碘显红色。
(　　) 25. 酿是将蓉胶或馅心镶嵌在某种原料里面或表面的一种组配手法。
(　　) 26. 制作菜肴的成功与失败，就看火候运用得好与不好。
(　　) 27. 苦瓜中的苦味是由葫芦素和野生黄瓜汁酶这两种物质引起的。
(　　) 28. 乳类中的生物活性物质具有耐高温、耐光照的特点。
(　　) 29. 花式热菜必须在保证食用性的前提下考虑其观赏性。
(　　) 30. 花式冷拼图案中的象形可以采用夸张、添加、简练、抽象等表现手法。

参考答案

模拟题

一、单项选择题

1. B	2. C	3. D	4. B	5. A	6. A	7. A	8. B	9. B	10. D
11. A	12. C	13. C	14. C	15. C	16. B	17. C	18. D	19. C	20. D
21. B	22. B	23. B	24. B	25. C	26. B	27. C	28. A	29. D	30. C
31. C	32. C	33. C	34. C	35. A	36. C	37. B	38. A	39. C	40. D
41. D	42. A	43. C	44. D	45. D	46. B	47. B	48. B	49. C	50. B
51. C	52. B	53. A	54. A	55. B	56. B	57. D	58. C	59. A	60. B
61. B	62. D	63. A	64. A	65. B	66. C	67. A	68. C	69. C	70. A
71. C	72. D	73. C	74. C	75. C	76. D	77. B	78. D	79. A	80. C
81. A	82. B	83. D	84. B	85. A	86. D	87. B	88. C	89. B	90. A
91. C	92. D	93. C	94. B	95. D	96. B	97. C	98. D	99. A	100. A
101. A	102. D	103. B	104. B	105. B	106. C	107. B	108. C	109. A	110. B
111. D	112. B	113. A	114. C	115. C	116. C	117. D	118. A	119. A	120. A
121. C	122. C	123. C	124. D	125. B	126. B	127. D	128. C	129. B	130. B
131. D	132. C	133. D	134. B	135. D	136. C	137. D	138. B	139. C	140. C
141. D	142. D	143. C	144. A	145. D	146. D	147. A	148. B	149. B	150. A
151. B	152. C	153. A	154. B	155. A	156. B	157. C	158. D	159. B	160. C
161. A	162. D	163. D	164. C	165. D	166. B	167. C	168. A	169. D	170. A
171. A	172. A	173. C	174. B	175. A	176. C	177. D	178. A	179. C	180. C
181. C	182. D	183. A	184. B	185. B	186. A	187. D	188. B	189. A	190. C
191. B	192. C	193. B	194. B	195. B	196. D	197. A	198. D	199. B	200. A
201. D	202. B	203. B	204. D	205. B	206. C	207. A	208. B	209. A	210. C
211. B	212. A	213. A	214. B	215. C	216. C	217. B	218. C	219. A	220. A
221. B	222. B	223. B	224. C	225. C	226. C	227. A	228. D	229. C	230. C
231. D	232. D	233. B	234. B	235. C	236. B	237. B	238. C	239. B	240. B
241. A	242. D	243. A	244. B	245. D	246. B	247. A	248. D	249. C	250. D

251. B	252. B	253. D	254. B	255. C	256. B	257. D	258. C	259. D	260. B
261. A	262. C	263. A	264. B	265. B	266. B	267. C	268. D	269. B	270. A
271. B	272. A	273. A	274. D	275. A	276. B	277. D	278. A	279. A	280. B
281. C	282. D	283. A	284. B	285. C	286. A	287. D	288. A	289. B	290. D
291. A	292. B	293. B	294. D	295. A	296. B	297. C	298. B	299. D	300. B

二、判断题

1. √	2. √	3. ×	4. ×	5. √	6. √	7. ×	8. ×	9. ×	10. ×
11. ×	12. ×	13. ×	14. √	15. ×	16. ×	17. ×	18. ×	19. √	20. ×
21. ×	22. ×	23. ×	24. √	25. √	26. √	27. ×	28. ×	29. √	30. ×
31. √	32. √	33. ×	34. √	35. ×	36. √	37. ×	38. √	39. √	40. √
41. √	42. √	43. √	44. ×	45. √	46. √	47. √	48. √	49. √	50. ×
51. √	52. ×	53. ×	54. √	55. √	56. √	57. √	58. ×	59 √	60. √
61. ×	62. √	63. ×	64. √	65. √	66. ×	67. √	68. √	69. √	70. √
71. ×	72. √	73. √	74. √	75. ×	76. ×	77. ×	78. √	79. ×	80. ×
81. √	82. ×	83. ×	84. √	85. √	86. ×	87. √	88. ×	89. ×	90. ×
91. √	92. √	93. √	94. √	95. √	96. ×	97. √	98. ×	99. ×	100. ×
101. √	102. √	103. ×	104. √	105. √	106. √	107. √	108. ×	109. ×	110. √
111. ×	112. √	113. ×	114. √	115. √	116. √	117. ×	118. ×	119. √	120. √
121. √	122. √	123. √	124. ×	125. ×	126. √	127. √	128. √	129. √	130. √
131. √	132. ×	133. √	134. √	135. √	136. √	137. √	138. √	139. ×	140. ×
141. ×	142. √	143. √	144. √	145. √	146. √	147. ×	148. √	149. √	150. ×

模拟试卷

一、填空题

1. 金华火腿（南腿） 宣威火腿（云腿） 如皋火腿（北腿）
2. 平滑肌 心肌
3. 立体雕刻 镂空雕刻
4. 干豆豉 湿豆豉
5. 鲈鱼 黄鱼

6. 淡水蟹　海水蟹

7. 甘油　脂肪酸

8. 味蕾

9. 湘莲

10. 加热前调味　加热中调味　加热后调味

二、名词解释

1. 鱼辣子，即川菜中使用广泛，最初多用来烧鱼的泡辣椒，制作菜肴有突出的酸辣味，味道和色泽都较为浓重，并可开胃增加食欲。
2. 营养素，即营养要素，是指食物中具有特定生理作用，能保障人体生长发育、活动，维持生理功能和正常代谢所需的物质，包括蛋白质、脂类、碳水化合物、矿物质及维生素等。
3. 软炒，广东菜常用的烹调方法之一。软炒是将牛奶、蛋清、鸡蓉等原料调成稀蓉糊，加配料下锅翻炒，成菜色白而咸鲜软滑，如炒鲜奶等。
4. 感官鉴定，就是凭借人体自身感觉器官对原料进行选择以判断原料质量优劣的方法。
5. 色彩对比，主要指色彩的冷暖对比，还包括色别对比、明度对比、饱和度对比等。在暖色调的环境中，冷色调的主体醒目；在冷色调的环境中，暖色调主体最突出。

三、单项选择题

1. C　2. A　3. A　4. B　5. C　6. B　7. D　8. B　9. B　10. C

11. B　12. B　13. C　14. A　15. B　16. C　17. D　18. A　19. B　20. C

四、多项选择题

1. ACF　2. CDE　3. ACD　4. BCDEF　5. ABCE

6. CDEF　7. ABCDE　8. ABCDEF　9. ACDEF　10. ABE

五、判断题

1. ×　2. √　3. √　4. ×　5. √　6. √　7. √　8. ×　9. √　10. √

11. ×　12. √　13. √　14. ×　15. √　16. √　17. ×　18. √　19. ×　20. √

21. √　22. ×　23. √　24. √　25. √　26. ×　27. √　28. ×　29. √　30. √

参考文献

[1] 周晓燕. 烹调工艺学 [M] . 北京：中国纺织出版社，2008.

[2] 中国烹饪协会，日本中国料理协会. 中国烹调技法集成 [M] . 上海：上海辞书出版社，2004.

[3] 陈苏华. 中国烹饪工艺学 [M] . 上海：上海文化出版社，2006.

[4] 赵廉. 烹饪原料学 [M] . 北京：中国纺织出版社，2008.

[5] 中国烹饪协会. 注册中国烹饪大师名师培训教程 [M] . 北京：中国轻工业出版社，2017.

[6] 张建军，陈正荣. 饭店厨房的设计和运作 [M] . 北京：中国轻工业出版社，2006.

[7] 丁应林. 宴会设计与管理 [M] . 北京：中国纺织出版社，2008.

[8] 季鸿崑. 烹饪学基本原理 [M] . 北京：中国轻工业出版社，2016.

[9] 张传军. 烹饪专业教学论 [M] . 北京：科学出版社，2017.

[10] 周晓燕. 烹饪工艺课程教学法 [M] . 北京：中国纺织出版社，2017.

[11] 优才教育研究院. 教师必备的11项基本素质 [M] . 成都：电子科技大学出版社，2013.

[12] 史文生. 职业教育技能竞赛研究 [M] . 郑州：河南大学出版社，2010.